常微分方程式と
ラプラス変換

齋藤誠慈 著

裳 華 房

DIFFERENTIAL EQUATION

AND

LAPLACE TRANSFORM

by

SEIJI SAITO

SHOKABO

TOKYO

[JCOPY] 〈出版者著作権管理機構 委託出版物〉

まえがき

　本書では，常微分方程式によるさまざまなモデル化例とその解法を述べ，またラプラス変換による常微分方程式の解法を解説した．

　大学初年度における「微分積分学」，「線形代数学」の基本的な知識，例えば「部分積分公式」や「固有値・固有ベクトル」などを仮定した上で，本書では，部分積分の計算や固有値・固有ベクトルの計算にもできるだけ丁寧な説明・記述を与えた．非斉次線形常微分方程式の解が斉次方程式の一般解と非斉次方程式の特殊解の和で与えられることを示すなど，基礎的な理論面も完備している．

　第1章では，常微分方程式のモデル化を述べ，理工学・社会数理科学分野における例の他に，化学反応式，倒立振り子や伝染病モデルなども取り上げた．さらに，微分方程式の特性を表現する用語，「線形」，「斉次」，「定係数」などの用語と説明を一覧にまとめて，学習理解の利便性を図った．

　第2章では，1階常微分方程式の求積法を扱った．「変数分離形」，「同次形」などの解法や，本書において重要な役割を果たす定数変化法を解説した．

　定係数非斉次線形常微分方程式に関する演算子法は，代数的な演算による記号解法であり，従来の類書では解法の公式・定理を多数用いて解説されることが多い．しかし，本書では，必要とする公式を最小限にとどめ，4または5つの公式を用いる解法を述べた．第3章の2階線形常微分方程式では，定係数の場合は公式3.1 − 3.4を用いて，第4章の高階線形常微分方程式における定係数の解法では，公式4.1，4.3，4.4，4.6，4.7を応用する解法を示した．

　第5章の連立線形常微分方程式に関して，定係数の解法は高階方程式に帰着させる方法と固有値・固有ベクトルによる解法，および変係数の場合は定数変化法を解説した．

　第6，7章は，ラプラス変換による常微分方程式の解法を述べ，第8章では，微

分方程式の解法において常に大前提とされる「解の一意性と存在」を保証するリプシッツ条件や，解の安定性を解説した．

本書は，大阪大学工学部2年次学生を対象として開講されている半期の微分方程式の講義が基になっており，第2章から第7章までを，1回の講義に1節を解説することで，常微分方程式の解法に関する一通りの知識が半年間で得られるようになっている．講義時間に余裕があれば，第1章のモデル化と第8章の常微分方程式の解に関する漸近安定性についても是非触れていただきたい．

本書の出版に際し，多くの方々にお力添えをいただいた．大阪大学の石井博昭先生には本書全般にわたって貴重なご意見を頂き，同大学の南埜宜俊先生と兼田隆弘先生にはそれぞれ材料科学と化学反応についての例に関して，産業技術短期大学の里見憲男先生には電気電子分野における現象例などについて有益な助言をいただいた．ここであらためて御礼を申し上げたい．

本書をお読みいただいた先生方や学生の皆様からご意見・ご注意をいただくことができれば，可能な限り利用しやすく，理解しやすいものへ改善してゆきたいと考えている．

最後に，本書を，故 大阪大学工学部教授の山本 稔先生ならびに，故 大阪大学理学部教授の長瀬道弘先生に哀悼の意をもって捧げたい．恩師の両先生に，ここに謹んで本書の完成を報告する次第である．また，出版に際し種々にわたってお世話になった裳華房の細木周治氏ならびに染谷和美さんに心から感謝の意を表したい．

2006年8月

齋藤誠慈

目　　次

第 1 章　常微分方程式によるモデル化

1.1　はじめに …………………………………………………… 1
1.2　人口問題 …………………………………………………… 5
1.3　指数減衰過程 ……………………………………………… 9
1.4　化学反応・伝染病 ………………………………………… 10
1.5　落下・放物運動 …………………………………………… 12
1.6　線形振動 …………………………………………………… 14
1.7　非線形振動 ………………………………………………… 16
1.8　ラプラス変換によって解ける微分方程式 ……………… 19

第 2 章　1 階常微分方程式の求積法

2.1　変数分離・同次形と定数変化法 ………………………… 23
　　2.1.1　変数分離形 ………………………………………… 23
　　2.1.2　同次形 ……………………………………………… 25
　　2.1.3　定数変化法 ………………………………………… 27
2.2　完全微分形 ………………………………………………… 34
2.3　積分因子 …………………………………………………… 40
2.4　特殊な 1 階微分方程式 …………………………………… 46

第 3 章　2 階線形常微分方程式

3.1　解の 2 次元ベクトル空間とロンスキアン ……………… 52
　　3.1.1　解の 2 次元ベクトル空間 ………………………… 52
　　3.1.2　ロンスキアン ……………………………………… 56
3.2　定係数斉次微分方程式と演算子法 ……………………… 61

3.2.1　微分演算子 …………………………………………………… 61
　　　3.2.2　斉次式の解法 …………………………………………………… 64
　3.3　定係数非斉次微分方程式と演算子法 ……………………………… 69
　　　いろいろな非斉次項の特殊解 ………………………………………… 73
　3.4　変係数微分方程式における定数変化法と階数低下法 ……… 78
　　　3.4.1　定数変化法 ……………………………………………………… 78
　　　3.4.2　階数低下法 ……………………………………………………… 82

第 4 章　高階線形常微分方程式

　4.1　解の n 次元ベクトル空間とロンスキアン ……………………… 86
　　　4.1.1　解の n 次元ベクトル空間 …………………………………… 86
　　　4.1.2　ロンスキアン …………………………………………………… 90
　4.2　定係数斉次微分方程式の解法 ……………………………………… 94
　4.3　定係数非斉次微分方程式の解法 …………………………………… 99
　　　いろいろな非斉次項の特殊解 ………………………………………… 100

第 5 章　連立線形常微分方程式

　5.1　基本解系 ………………………………………………………………… 107
　　　5.1.1　高階線形微分方程式から1階連立線形方程式へ ………… 107
　　　5.1.2　解ベクトル空間 ………………………………………………… 109
　　　5.1.3　斉次方程式の解法と基本行列 ………………………………… 113
　5.2　非斉次微分方程式の解法 …………………………………………… 117
　　　5.2.1　指数行列 ………………………………………………………… 117
　　　5.2.2　定数変化法 ……………………………………………………… 125

第 6 章　ラプラス変換の基礎

　6.1　ラプラス変換と逆ラプラス変換 …………………………………… 129
　　　6.1.1　ラプラス変換 …………………………………………………… 129

6.1.2　逆ラプラス変換　……………………………………　134
　　6.2　導関数・原始関数・多項式積・多項式商　………………　136

第 7 章　ラプラス変換の応用

　　7.1　合成積　……………………………………………………　146
　　7.2　階段関数　…………………………………………………　148
　　7.3　ディラックのデルタ分布　………………………………　150
　　7.4　初期値定理と最終値定理　………………………………　154

第 8 章　解曲線と安定性

　　8.1　解曲線　……………………………………………………　161
　　　8.1.1　存在と一意性の例　…………………………………　161
　　　8.1.2　存在と一意性の定理　………………………………　164
　　8.2　解の安定性　………………………………………………　170
　　　　　連立常微分方程式の初期値問題　……………………　176

参　考　書　………………………………………………………………　182
問題解答　…………………………………………………………………　183
ラプラス変換・逆ラプラス変換表　……………………………………　189
索　　　引　………………………………………………………………　191

第 1 章　常微分方程式によるモデル化

　常微分方程式を用いたモデル解析は，理工学や社会科学などの分野において，様々な成功をもたらしてきた．例えば，衛星飛行物体の運動，電気・機械振動，人口問題，化学反応，伝染病の流行・終息のモデルなどである．本章では，常微分方程式によるモデル解析にはどのような具体例があるのかを示し，また解析を進めるに必要な用語や基礎的事項を述べる．

1.1　はじめに

　変数 t は実数で，実数の集合を $\mathbf{R} = \{-\infty < t < \infty\} = (-\infty, \infty)$ で表す．現象を扱う場合には，t は時刻を意味することが多い．

　変数 t の実関数 $x = x(t)$ に関して，微分を $\dfrac{dx}{dt} = x'$, $\dfrac{d^2x}{dt^2} = x'' = x^{(2)}$, $\cdots$, $\dfrac{d^n x}{dt^n} = x^{(n)}$ で表すことにする．直観的に以下のように定義する：

- 1変数の未知関数に関する導関数を含む方程式を**常微分方程式**（ordinary differential equation）という．

- 常微分方程式をみたす関数を常微分方程式の**解**（solution）という．

- 微分の最高次数をその微分方程式の**階数**（order）という．

例えば，a, L, R, C は正定数，E は微分可能な関数として，

$$x' = ax, \tag{1.1}$$

$$Lx'' + Rx' + \frac{x}{C} = \frac{dE}{dt}(t) \tag{1.2}$$

はそれぞれ，1 階常微分方程式，2 階常微分方程式である．

一般に，多変数関数 F を $n+2$ 変数 $(t, x_0, x_1, x_2, \cdots, x_n)$ の実数値関数として，**n 階常微分方程式**（n-th order ordinary differential equation）は

$$F(t, x, x', x'', \cdots, x^{(n)}) = 0 \tag{1.3}$$

の形で表される．式 (1.1) と (1.2) は，それぞれ，

$$F(x, x') = x' - ax, \tag{1.4}$$

$$F(t, x, x', x'') = Lx'' + Rx' + \frac{x}{C} - \frac{dE}{dt}(t) \tag{1.5}$$

と表される．

関数 x の写像 $L(x)$ が**線形**（linear）であるとは，実数 k, ℓ と関数 x, y からなる**1 次結合**，あるいは**線形結合**（linear conbination）$kx + \ell y$ に関して，次の式が成立することをいう：

$$L(kx + \ell y) = kL(x) + \ell L(y). \tag{1.6}$$

例えば，$L(x) = \dfrac{dx}{dt} + a(t)x$ は線形である．なぜならば

$$L(kx + \ell y) = \frac{d}{dt}(kx + \ell y) + a(t)(kx + \ell y)$$

$$= k\left(\frac{dx}{dt} + a(t)x\right) + \ell\left(\frac{dy}{dt} + a(t)y\right) = kL(x) + \ell L(y).$$

一般に集合から集合への対応関係を写像，あるいは関数という．特に実数の部分集合上の対応を関数という．

常微分方程式が線形であるとき，**線形常微分方程式**（linear ordinary differential equation）という．微分方程式の解をすべて求めることを，**微分方程式を解く**という．常微分方程式と**初期条件**（initial condition），すなわち初期時刻における未知関数の条件によって微分方程式を解く場合を**初期値問題**（initial value problem），常微分方程式と**境界条件**（境界における未知関数の条件：boundary condition）によって微分方程式を解く場合を**境界値問題**（boundary value problem）という．

独立変数が2つ以上の多変数関数を未知関数として，その偏導関数を含む関係式になる場合には**偏微分方程式**という．例えば，$t, x \in \mathbf{R}$ を2変数とする未知関数 $u = u(t, x)$ の偏微分方程式として次の例がある：

$$\frac{\partial u}{\partial t} - \frac{\partial^2 u}{\partial x^2} = 0, \quad \frac{\partial^2 u}{\partial t^2} \pm \frac{\partial^2 u}{\partial x^2} = 0, \quad \frac{\partial^4 u}{\partial t^4} - \frac{\partial^2 u}{\partial x^2} = 0.$$

微分方程式によって記述されるモデルには，次のようなものがある．

- 「1階常微分方程式」
    - （1） 人口問題，ロジスティック方程式，捕食被食モデル
    - （2） 指数的減衰過程，冷却の問題，石油産出方程式，
       ホテル宿泊予約モデル，広告受注の発生モデル
    - （3） 化学反応式，崩壊系列，伝染病の流行・終息モデル

- 「2階常微分方程式」
    - （4） 落下・放物運動，人工衛星の運動
    - （5） 電気回路，機械振動現象
    - （6） 単振り子，倒立振り子

- 「積分方程式」「微分積分方程式」「デルタ分布を含む微分方程式」
    - （7） 制御回路，原子核反応モデル，遅れの微分方程式 など

モデル（7）の例は微分項や積分項，あるいは遅れの項を含む微分方程式により記述される．他にも，曖昧な情報を含むシステムを対象とするファジィ微分方程式も近年，研究が進んでいる．

第2章から第5章では，常微分方程式の解法について述べる．種々の形に分類される微分方程式の解をいろいろなアイデアを用いて求めることを目指す．その理由は，第8章で述べられるように，通常の常微分方程式の場合は「解の存在・一意性」を保証する条件（例えば，リプシッツ条件など）がみたされていることがほとんどである．したがって，解の一意性のもとで，何らかの方法によって解を導出できれば，それが唯一の解である．

また，常微分方程式の解を具体的に求めることなしに，解の性質（漸近挙動）を知る方法を第8章で紹介する．実在モデルへの応用では，直接解を求めることが困難である場合が多いため，解に関する種々の定性的な解析法が確立されている．常微分方程式で表されるシステムがどのような定性的な特徴をもっているかを知るために，定性解析は重要である．

　第6，7章でラプラス変換を解説する．変係数微分方程式や階段関数を強制項にもつ微分方程式の解法に，ラプラス変換は有効であり，制御理論において重要な役割を果たす伝達関数を解く場合に用いられる．

　微分方程式のタイプを分類するための用語（術語）をまとめておく．

分類項目	用　語
・微分方程式中の微分項の最高階数 n を示す用語	n 階
・未知関数が2つ以上の場合であることを示す用語	連立（個数 m を明示する場合は m 元連立）
・線形性（→p.2）を示す用語	線形 非線形（線形でないとき）
・非斉次項（→p.9）の有無を示す用語〔この「斉次」という名称の代わりに，「同次」という用語を用いる場合もある〕	斉次（変数と未知関数からなる場合） 非斉次（未知関数以外の外力等の関数を含む場合）
・未知関数の係数の種類を示す名称	定係数 変係数（係数が変数の関数になっている）
・変数の個数を示す用語〔微積分における「常微分」「偏微分」と同じである．この用語は省略されることが多い〕	常（変数が1つの場合） 偏（変数が2つ以上の場合）

この6種が分類の基本であるが，解法の方法に基づく分類名称（例えば「変数分離形」）や研究者の名前を冠した名称で呼ばれる方程式もある．

上の用語を並べる順番がきちんと決まっているわけではない．本によって表記の順番が違うことがあっても，微分方程式の性格に違いはない．また，記述にあたって，微分方程式の具体的な式が示されてタイプが明白であったり，解説中に混乱が生じない場合には，微分方程式名称の用語の一部やそのほとんどを省略して記すことも多く，単に「方程式」としているところもある．

1.2 人口問題

変数分離形の解法，定数変化法によって解かれる1階常微分方程式の例を述べる．

例 1.1（**人口問題**：population problem）

英国の経済学者で数学者でもある**マルサス**（Malthus）は次の人口論を唱えた．「人の出入りがない地域における時刻 t の人口数 $x(t)$ は，出生数を b，死亡数を d とすると $x = b-d$ である．また，b,d の時間変化率はいずれも $x(t)$ に正比例して，その比例定数を a であると仮定する．」このとき，人口数の変化に関する微分方程式（**マルサスの法則**）は

$$x' = ax \tag{1.7}$$

で与えられる．これを **1階線形微分方程式**（first-order linear differential equation）という．この種の微分方程式は，**変数分離形**に分類され，2.1 節において解法が述べられる．解は，初期条件を $x(0) = x_0$ とすると，

$$x(t) = x_0\, e^{at} \tag{1.8}$$

となる．$a > 0$，$a = 0$，$a < 0$ の場合から次のことがいえる．

- $a > 0$ のとき，人口数 $x(t)$ は，指数的に増加する．
- $a = 0$ のとき，人口数 $x(t)$ は一定で，増減のない状態を保つ．
- $a < 0$ のとき，人口数 $x(t)$ は，指数的に 0 に収束する．

曲線 $x = x(t)$ の概形を図 1.1 に示す．増加や収束の速さは a の値によって異なる．　◆

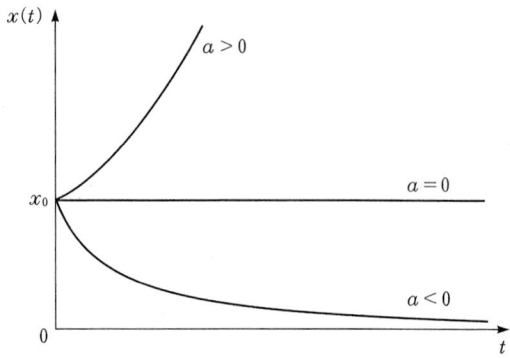

図 1.1 マルサスの法則において人口数は, $a>0$ のとき指数的に発散, $a=0$ のとき一定, $a<0$ のとき指数的に 0 に収束する.

上記の解ではいずれも, 実際の人口動態の推移と一致しているとはいえない. 増加・減少の原因をさらに詳しく議論することにより, モデルの改良が必要となる.

例 1.2 （**ロジスティック方程式**：logistic equation）

マルサスの法則において, 現実的な理由から増加率は $a>0$ とし, 人口の個体数が増える場合, その増加に抑制の役割を果たす補正項 $-kx^2$ を式 (1.7) に加えた次の式となる. ただし $k>0$ は抑制係数といわれるものである：

$$x' = ax - kx^2. \tag{1.9}$$

式 (1.9) は, **1 階非線形常微分方程式**（first-order nonlinear ordinary differential equation）であり, **ロジスティック方程式**（logistic equation）といわれている.

式 (1.9) は, 解を示す曲線（**解曲線**：solution curve）$x=x(t)$ に関して, t における接線の傾き $x'(t) = \lim_{h \to 0} \dfrac{x(t+h)-x(t)}{h}$ が $ax-kx^2$ に等しいことを意味している. 図 1.2 では, $x>\dfrac{a}{k}$, $x=\dfrac{a}{k}$, $x<\dfrac{a}{k}$ の場合に分けて, 接線の傾きを視覚化して表している. 各点 (t,x) における矢印に関し, 横成分は単位時間, 縦成分は $x(t)$ の傾き $x'(t)$ の大きさ（向きは正・負）を表す.

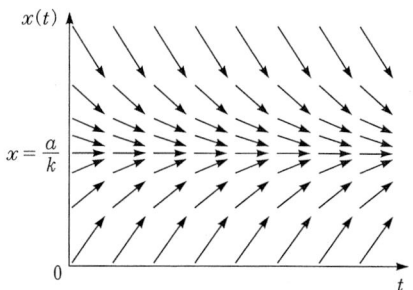

図 1.2 直線 $x = a/k$, $x = 0$ は定数関数の解曲線である. $x > a/k$ ならば傾き $x'(t)$ は負で次第に増加し, 矢印は下向きで大きさが短くなる. $x < a/k$ のとき, $x'(t)$ は正で減少し, 矢印は上向きで大きさが短くなる.

また, 式(1.9) は**変数分離形**に分類され, 2.1節の解法より次の形で解は得られる：

$$x(t) = \frac{a}{k + Ae^{-at}} \quad (A \text{ は積分定数}). \tag{1.10}$$

さらに, $A < 0$, $A = 0$, $A > 0$ の場合に分けたときの曲線は図 1.3 のようになる. $t \to \infty$ のとき, A の値にかかわらず人口数 $x(t)$ は $\dfrac{a}{k}$ に近付いていく. ◆

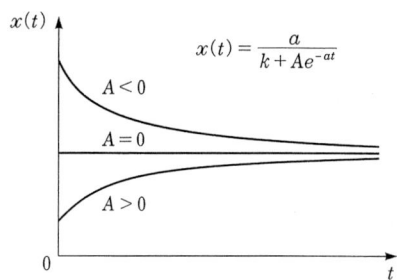

図 1.3 直線 $x = a/k$, $x = 0$ は定数関数の解である. $A < 0$ ならば傾き $x'(t)$ は負で次第に増加し, 解曲線は a/k に近付き, $A > 0$ のとき, $x'(t)$ は正で減少し, 解曲線は a/k に近付いていく.

例 1.3 （捕食被食モデル：predator-prey model）

第一次世界大戦（1914〜1918年）の間は, 地中海のアドリア海では平和時に比べて漁業による水揚げ量が減少した. 戦争のために漁業が行えず, その近海は 5 年間, 一種の閉ざされた系（海域）となった. その間, アドリア海は, 捕食者（サメなどの軟骨魚）と被食

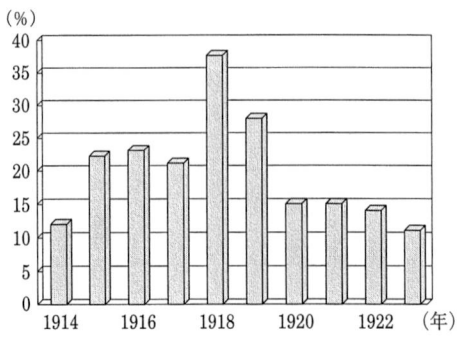

図 1.4 アドリア海における捕食魚の漁獲高割合 (1914〜1923年)

者 (アジなどの食用魚) からなる 2 種の魚類の棲む系とみなせる. 1914 年から 10 年間の, 総漁獲高に対する捕食者の割合は図 1.4 のとおりである.

人間による漁業の影響が減って総漁獲高は減少し, 捕食者が増え被食者が減っていることがわかる. この現象を常微分方程式で記述しよう.

被食者の個体数を $x = x(t)$, 捕食者の個体数を $y = y(t)$ とする. 被食者数の時間変化 x' は, a, b を定数として, 出生数 $ax > 0$ から被食数 $bxy > 0$ を引いた数に等しいと考える. $a > 0$ は出生率で, 食べられる個体数は, x, y に比例すると仮定し, $b > 0$ とする. 捕食者数の変化 y' は, 繁殖数 $pxy > 0$ から死亡数 $qy > 0$ を引いた数に等しいと考える. ただし, 繁殖数は x, y に比例すると仮定し, p, q を定数として $p, q > 0$ とする. このようにして, 捕食被食の関係を表す次の 1 階連立非線形微分方程式が得られる :

$$\frac{dx}{dt} = ax - bxy, \qquad \frac{dy}{dt} = pxy - qy.$$

この方程式は**ロトカ・ボルテラ方程式** (Lotka-Volterra equation) といわれる 1 階連立非線形常微分方程式である. 上記 2 式の比をとると,

$$\frac{dy}{dx} = \frac{dy}{dt}\frac{1}{\frac{dx}{dt}} = \frac{y}{a - by}\frac{px - q}{x} \tag{1.11}$$

とすることができ, これは t をあらわに含まない微分方程式となり, x と y についての**変数分離形** (問題 2.2) である. ◆

1.3 指数減衰過程

物体の温度が外部温度と異なるとき，その差は急激に減少することがある．また，単位時間当たりの石油産出量は，採掘の初期時間から，指数関数的に減少するモデルとして扱われる．他にも，リニューアルしたホテルの予約数も，新鮮さが薄れるに従って指数関数的に減少するといわれている．同様なものに広告受注の発生モデルがある．

以下の例では，対象とする量が指数的に減衰する現象を述べる．

例 1.4 （冷却の法則）

「物体が失う熱量は，その物体と周囲との温度差に比例する」というのが，ニュートン (Newton) の冷却の法則である．この法則は，温度差があまり大きくない場合に適応可能である．物体の温度を $\theta = \theta(t)$，周囲の温度を θ_0，物体の熱容量を σ とすると，微小時間 Δt に失う熱量 Δq は，

$$\Delta q = \sigma(\theta - \theta_0)\Delta t$$

である．このときの物体の温度変化を $\Delta \theta$，比例定数を k とすると，$\Delta q = -k\Delta \theta$ が成り立つのであるから，次のような t に対する θ の関係式を得る：

$$-k\Delta\theta = \sigma(\theta - \theta_0)\Delta t. \tag{1.12}$$

極限操作 $\Delta t \to 0$ の結果，次の **1 階非斉次線形常微分方程式** (first-order nonhomogeneous linear ordinary differential equation) が得られる：

$$\theta' = -\frac{\sigma}{k}\theta + \frac{\sigma\theta_0}{k}. \tag{1.13}$$

$\frac{\sigma\theta_0}{k}$ は**非斉次項** (nonhomogeneous term) という．初期時刻 $t = t_0$ における初期値 $\theta(t_0) = T_0$ を**初期条件**といい，微分方程式と初期条件をまとめて**初期値問題**という（問題 2.1）．

◆

1.4 化学反応・伝染病

化学物質の反応速度についての解析にも微分方程式が役に立つ．また，伝染病の流行・終息のモデルは医学数理の分野において，古くから研究がされている．

例 1.5 （1次反応）

最初に存在する反応物 A が消費されて生成物 P に変わる1次化学反応 $A \to P$ を考える．A の濃度を $[A]$ とおくと，1次反応の速度式は，速度定数を $k > 0$ とすると，

$$-\frac{d[A]}{dt} = k[A] \tag{1.14}$$

で与えられる．これは1階線形常微分方程式であって，**変数分離形**である．

1次化学反応の速度を比較する場合，半減期 $t_{1/2}$ が用いられる．半減期とは，反応物 A の濃度が，初期濃度 $[A]_0$ の半分 $\dfrac{[A]_0}{2}$ になるまでの時間であって，

$$t_{1/2} = \frac{\log 2}{k}$$

で与えられる．この式は微分方程式を解くことによって得られる．半減期は初期濃度 $[A]_0$ には依存せず，速度定数 k だけに左右される． ◆

例 1.6 （反応物1種の2分子会合反応）

反応物 A の2分子から，生成物 P が1分子できる2分子会合反応 $2A \to P$ の速度式は，速度定数を $k > 0$ とすると，

$$-\frac{d[A]}{dt} = k[A]^2$$

で与えられる．これは1階非線形常微分方程式であって，**変数分離形**である． ◆

例 1.7 （反応物2種の2分子会合反応）

反応物が A, B の2種から生成物 P ができる2分子会合反応 $A + B \to P$ の速度式は，速度定数を $k > 0$ とすると，

$$\frac{d[A]}{dt} = -k[A][B] \quad \text{あるいは} \quad \frac{d[B]}{dt} = -k[A][B]$$

という，$[A], [B]$ について同じ形の式が成り立つ．初期時刻 $t=0$ において A, B の濃度はそれぞれ，$[A]_0, [B]_0$ とする．時刻 t において，消費された反応物の濃度を x とすると $[A] = [A]_0 - x, [B] = [B]_0 - x$ である．よって

$$-\frac{d[A]}{dt} = k([A]_0 - x)([B]_0 - x)$$

である．また，$\frac{d[A]}{dt} = -\frac{dx}{dt}$ であるから，

$$\frac{dx}{dt} = k([A]_0 - x)([B]_0 - x)$$

が得られ，**変数分離形**である（問題 2.1）．◆

例 1.8 （逐次素反応）

放射性元素の崩壊系列として，ウラン ^{239}U が半減期 23.5 分でネプチウム ^{239}Np に変わり，さらに半減期 2.35 日でプルトニウム ^{239}Pu に変わる例を考える．反応物 A から中間体 I を生成し，最終的に物質 P が生成する場合を逐次素反応といい，$A \xrightarrow{k_1} I \xrightarrow{k_2} P$ のように表現する．k_1, k_2 は各反応の速度定数である．このときの各反応の速度式は，

$$-\frac{d[A]}{dt} = k_1[A], \quad \frac{d[I]}{dt} = k_1[A] - k_2[I], \quad \frac{d[P]}{dt} = k_2[I]$$

で与えられる．これは 1 階連立線形常微分方程式である．初期条件が $[A] = [A]_0, [I]_0 = 0$ であれば，時刻によらず $[A] + [I] + [P] = [A]_0$ という定常関係がある．変数分離形，定数変化法などの解法によって解ける．◆

例 1.9 （n 分子会合反応）

$n \geq 2$ として，反応物 A の n 分子が同時に反応して生成物 P ができる反応 $nA \to P$ の場合，微分方程式は次のようになる（問題 2.1）：

$$-\frac{d[A]}{dt} = k[A]^n. \quad \blacklozenge$$

例 1.10（伝染病モデル）

 生化学的反応と同様に，伝染病の流行および終結のメカニズムも考察できる．人口を3種類に分け，S は感染者数，I は発病者数，R はそれ以外（無感染者，回復者，あるいは死亡者など）の数とするとき，次の SIR モデルといわれる連立常微分方程式が知られている．ただし，r, a は正の定数とする：

$$\frac{dS}{dt} = -rSI, \quad \frac{dI}{dt} = rSI - aI, \quad \frac{dR}{dt} = aI.$$

すべての式を加えると，$(S+R+I)' = 0$ となる．初期時刻 $t=0$ の条件として，人口総数を $S(0) + I(0) + R(0) = N$ とすると，

$$S(t) + I(t) + R(t) = N$$

が得られる．この関係式は当然のことながら成り立っていなければいけない式である（問題 2.2）．◆

1.5 落下・放物運動

 物体の落下・放物運動，人工衛星の飛行曲線などを記述する運動方程式は 2 階微分方程式である．

例 1.11（落下運動）

 質量 m の質点が ある地点 ($y=0$) から初速度 0 で自由落下するときの運動を微分方程式によって表そう．ニュートンの運動方程式は，質点に働く力 f が質量と加速度の積に等しいことから，y 軸を鉛直上方向に沿ってとり，g を重力加速度とすると

$$my'' = -mg \tag{1.15}$$

すなわち，$y'' = -g$ である．初期時刻 $t=0$ において，位置 $y(0) = 0$，初速度 $y'(0) = 0$ であるから，$y'' = -g$ を区間 $[0, t]$ で 2 回積分すると

$$y'(t) - y'(0) = -g \int_0^t ds, \quad y(t) - y(0) = -g \int_0^t s\, ds = -\frac{gt^2}{2} \quad (1.16)$$

より，$y(t) = -\dfrac{gt^2}{2}$ である．距離の絶対値は，時刻 t の2乗の大きさで増大する．　◆

例 1.12 （放物運動）

質量 m の質点が投げられるときの微分方程式を考える．水平方向に x 軸，垂直上方向に y 軸をとり，質点を位置 $(x=0,\ y=h)$ から，初速度 $x'(0) = v\cos\theta,\ y'(0) = v\sin\theta$ で投げたとする．ただし，$v>0$ で，水平方向に対して質点は，$-\pi \leq \theta \leq \pi$ の方向に投げられたとする．このとき，ニュートンの運動方程式は，x,y 方向のそれぞれに関し，

$$mx'' = 0, \quad my'' = -mg \quad (1.17)$$

である．初期条件 $x(0)=0,\ y(0)=h,\ x'(0)=v\cos\theta,\ y'(0)=v\sin\theta$ より，区間 $[0,t]$ において，$x''=0,\ y''=-g$ を2回積分すると

$$x(t) = (v\cos\theta)t, \quad y(t) = h - \frac{gt^2}{2} + (v\sin\theta)t. \quad (1.18)$$

xy 平面における質点の運動の軌跡を与える式は，上の2つの式から t を消去すれば

$$y = h - \frac{gx^2}{2(v\cos\theta)^2} + (\tan\theta)x \quad \left(\theta \neq \pm\frac{\pi}{2}\right)$$

となる．これは図 1.5 のように，いわゆる放物線を描く．　◆

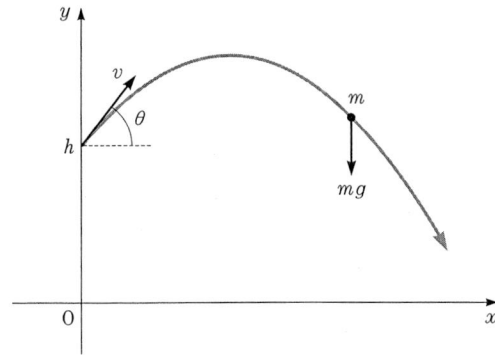

図 1.5　初速度 v，角度 θ で投げられた質点の運動は，放物線を描く．

1.6 線形振動

単振動やつり橋の共振解析においてはフックの法則，電気回路ではキルヒホッフの法則が適用されて，線形微分方程式が得られる．

例 1.13 （単振動）

「金属のバネやゴムの棒などの弾性体は変形が小さいとき，復元力は変形の量に比例する」ことが，英国の物理学者フック（Hooke）によって発見された．図 1.6 のようにバネが左端で固定されて，右端には質量 m の質点が付けられ，水平方向に自由に動けるようになっている．復元力 f は，バネ定数を $k > 0$，質点の平衡点からの変位を $x = x(t)$ とすると，$f = -kx$ である．

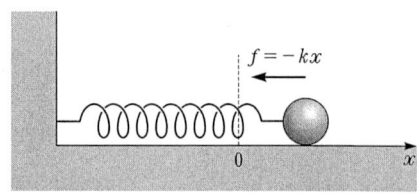

図 1.6 質点 m には，バネの復元力 $-kx$ だけが働く．

質点に作用する力が f のとき，質点の加速度を x'' とするとニュートンの運動方程式は $f = mx''$ であるから，次の **2 階線形常微分方程式**（second-order linear ordinary differential equation）が得られる：

$$mx'' = -kx. \tag{1.19}$$

この形の微分方程式で与えられる運動は単振動となることが知られている．

次に，質点 m に摩擦による抵抗力 $-ax'$ が加わる場合を考える．抵抗の大きさは速度 x' に比例し，摩擦係数は $a > 0$ とするとき，運動方程式は

$$mx'' = -ax' - kx$$

となる（定理 3.3）．◆

例 1.14 （崩壊するつり橋）

つり橋を断面においてモデル化する．幅 W の道路は 1 本の剛体とみて，バネ定数が k である 2 本のバネでつるされていると仮定する．道路の質量は M，慣性モーメントは I とする．2 本のバネそれぞれについて，鉛直方向下向きに x_1 軸，x_2 軸をとり，水平方向と橋の底面がなす角を y とする（図 1.7 参照）．

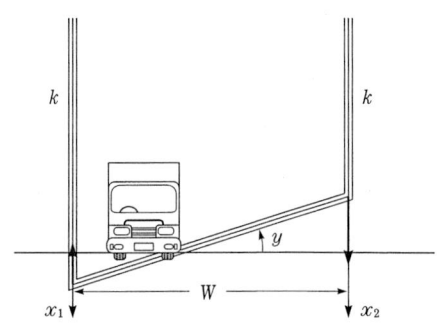

図 1.7 幅 W の道路は，2 本のバネ（定数 k）でつるされているとする．x_1, x_2 はそれぞれ，左・右端の変位を表す．

y が微小なとき，$x_1 - x_2 = W\sin y \fallingdotseq Wy$ より $y = \dfrac{x_1 - x_2}{W}$ と近似され，運動方程式は

$$M(x_1 + x_2)'' = -k(x_1 + x_2), \qquad I(x_1 - x_2)'' = \dfrac{kW^2}{2}(x_1 - x_2)$$

のように与えられる（問題 5.2）．◆

例 1.15 （電気振動回路）

抵抗 R，容量 C のコンデンサ，インダクタンス L のコイル，起電力 E からなる RLC 回路を考える（図 1.8 を参照）．

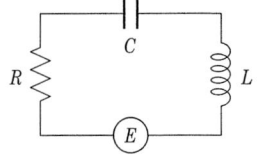

図 1.8 抵抗 R，容量 C，インダクタンス L，起電力 E の電気回路

抵抗，コンデンサ，コイルによる電圧降下は，回路を流れる電流を $i = i(t)$ とするとそれぞれ，Ri，Li'，$\dfrac{1}{C}\displaystyle\int_0^t i(s)\,ds$ であって，キルヒホッフの法則から，これらの和は起電力 $E(t)$ に等しいから

$$Ri + Li' + \frac{1}{C}\int_0^t i(s)\,ds = E(t) \tag{1.20}$$

を得る．$E(t)$ は微分可能として上の式を微分すると，次の2階非斉次線形常微分方程式が得られる：

$$Li'' + Ri' + \frac{i}{C} = E'(t). \tag{1.21}$$

$E'(t)$ が非斉次項である．解法には**定数変化法**による方法（3.4節），**演算子法**（4.3節）あるいは**連立微分方程式**に帰着させて解く方法（5.2節）などがある．

また，非斉次項が恒等的にゼロ，すなわち $E'(t) \equiv 0$ のとき，質点の線形振動と同様な形の解が得られる．◆

1.7　非線形振動

斉次線形常微分方程式の係数がすべて定数ならば，解は三角関数と指数関数の四則演算で表される（3.2節，4.2節参照）．しかし，定係数非線形微分方程式の解の表現は，線形の場合とは全く異なるものとなる．非線形系は，線形主要部と微小な非線形項の和として扱える場合，数学的に解析が可能となる例を以下に紹介しよう．

例 1.16（単振り子と線形近似）

図 1.9 に示した質量 m の質点の運動方程式は，次の2階非線形常微分方程式

$$m\ell\theta'' = -mg\sin\theta \tag{1.22}$$

で与えられる．$\theta = \theta(t)$ は，質点をつり下げる糸が鉛直下方向となす角である．

1.7 非線形振動

θ が十分小さいとき,$\sin\theta \fallingdotseq \theta$ とみなすことにより,次の 2 階線形常微分方程式

$$\theta'' = -\omega^2 \theta \tag{1.23}$$

を得る.ただし,$\omega = \sqrt{\dfrac{g}{\ell}}$ である(定理 3.3). ◆

上記の例では,非線形微分方程式を線形方程式に近似している.次の非線形微分方程式 (1.24) は線形微分方程式 (1.23) に摂動項(ある意味で,十分微小な大きさの関数)を付加した形であり,非線形系 (1.24) の解は,線形系 (1.23) の解に十分近い挙動を示すことが知られている.

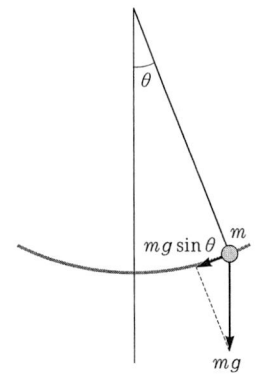

図 1.9 質点の単振り子の運動方程式は,2 階非線形微分方程式である.

例 1.17 (単振り子の摂動項)

単振り子 $\theta'' = -\omega^2 \sin\theta$ を置き換えにより $x'' = -\sin x$ と表す.また $f(x) = x - \sin x$ とおくと

$$x'' = -x + f(x) \tag{1.24}$$

と表すことができる.非線形項 f は,$x = 0$ 付近では微小な大きさであるから,式 (1.24) は線形方程式 $x'' = -x$ の摂動系(微小項が付加された式)である(第 8 章). ◆

例 1.18 (空気抵抗のある場合の単振り子)

速度に比例する空気抵抗がある場合の単振り子の運動を考える.空気抵抗の項は比例定数を $k(>0)$ とすれば $-kx'$ で与えられる.したがって,この運動方程式は $mx'' = -kx' - mg\sin x$ となるから,微分方程式は

$$mx'' + kx' = -mg\sin x$$

で表される.$\sin x$ が十分小さいとき,上式は線形方程式 $mx'' + kx' = -mgx$ の摂動系である(第 8 章). ◆

例 1.19 （倒立振り子の方程式）

質量 M の台車，質量 m の振り子からなる図 1.10 のような倒立振り子を考える．図のように外力 f が作用するとき，台車は滑らかに動き，時刻 t における移動距離を $x(t)$ とする．長さ 2ℓ の振り子は台車に支点 H で固定されており，台車の動きとともに左右に振れ，振り子が鉛直上方向となす角を $\theta(t)$ とする．振り子の慣性モーメントは $I = \dfrac{m\ell^2}{3}$ である．また，支点において作用する力に関する x, y 方向の成分をそれぞれ，f_x, f_y とする．

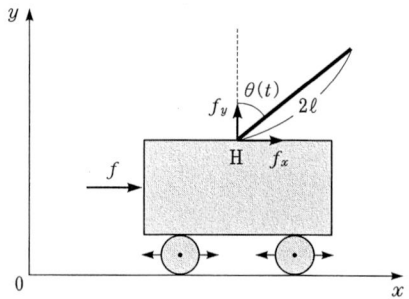

図 1.10 長さ 2ℓ の振り子 m は，台車に支点 H で固定されており，台車には外力 f が作用する．支点において振り子に作用する力の x, y 方向の成分をそれぞれ f_x, f_y とする．振り子と鉛直上方向がなす角を $\theta(t)$ とする．振り子の慣性モーメントは $I = m\ell^2/3$ である．

支点周りの回転運動，振り子の y 方向の運動，振り子の x 方向の運動，および，台車の x 方向の運動は，それぞれ次のように得られる：

$$I\theta'' = f_y \ell \sin\theta - f_x \ell \cos\theta,$$
$$m(\ell \cos\theta)'' = -mg + f_y,$$
$$m(x + \ell \sin\theta)'' = f_x,$$
$$Mx'' = f - f_x.$$

ただし，g は重力加速度を表す．

線形近似による線形常微分方程式を導出する．θ は十分小として，$\cos\theta \fallingdotseq 1$, $\sin\theta \fallingdotseq \theta$ とみなすと上の方程式はそれぞれ

$$\frac{m\ell^2}{3}\theta'' = f_y\ell\theta - f_x\ell,$$

$$f_y = mg,$$

$$f_x = m(x'' + \ell\theta''),$$

$$Mx'' = f - m(x'' + \ell\theta'')$$

となる．x'', θ'' についてこの連立方程式を解くと，

$$(m+M)x'' + m\ell\theta'' = f,$$

$$\frac{4}{3}\ell\theta'' + x'' = g\theta$$

なる方程式を得る．これは，2階連立線形微分方程式である（問題5.6を参照）．

◆

1.8　ラプラス変換によって解ける微分方程式

初期条件が与えられている，積分項，あるいは変係数を含む微分（積分）方程式の解法には**ラプラス変換**（Lapace transform）が重要な役割を果たす．時刻 t を変数とする未知関数 $x = x(t)$ を含む微分（積分）方程式 に対し，次のようなラプラス変換を施す：

$$X(s) = \int_0^\infty x(t)e^{-st}\,dt \quad (\,= \mathcal{L}[x](s)\ とおく\,).$$

$s = a + ib\,(a, b$ は実数，$i = \sqrt{-1}$ は虚数単位）は複素数を表す（第6, 7章参照）．この変換によって微分方程式は $X(s)$ についての代数方程式となる．この方程式を代数計算で解き，求められた $X(s)$ に対して**逆ラプラス変換**

$$x(t) = \mathcal{L}^{-1}[X](t)$$

を行うことにより，微分方程式の解 $x(t)$ を求める．次の図式は，ラプラス変換による解法と微分（積分）方程式の解法の関係を表している．

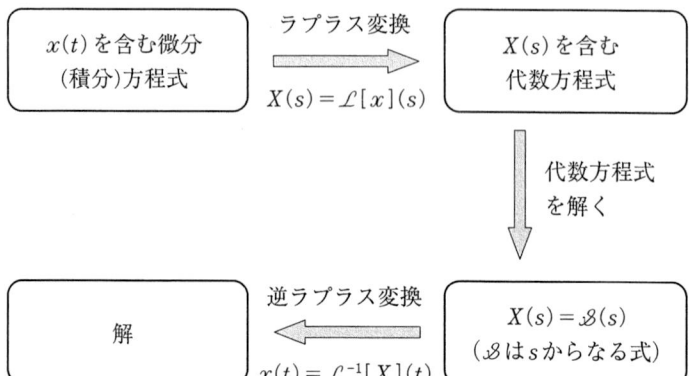

例 1.20(1点集中荷重)

長さ $0 \leq x \leq 2$ の弾性体はりは両端が固定され,たわみ角も0とする.変位を $u(x)$ として,中央 $x=1$ において集中荷重がある問題は次のような境界値問題として表される:

$$u^{(4)} = k\,\delta(x-1), \qquad u(0) = u(2) = 0, \quad u'(0) = u'(2) = 0.$$

この微分方程式はラプラス変換によって解ける.ただし,$k>0$ は定数で,方程式の右辺にある関数 $\delta(x)$ は**デルタ分布**(delta distribution)あるいは**デルタ関数**といい,通常の関数とは異なり,超関数といわれるもので,次の性質で定義される(7.3節):

$$\int_{-\infty}^{\infty} \delta(x)\,dx = 1, \qquad \delta(x) = 0 \quad (x \neq 0). \quad \blacklozenge$$

例 1.21(時間遅れを含む冷却の方程式)

冷却の法則(例 1.4 参照)に従うモデルにおいて,温度制御する場合を考える.計器の動作の影響などで計測結果に遅れが生じる.したがって,温度はある時刻 $r>0$ だけ前の温度を基準に補正されるとする.この時刻の差を**時間遅れ**(delayed time)という.このときの温度を与える方程式は,$k>0$ を冷却係数として次のような**遅れを含む微分方程式**(delayed differential equation)となる:

$$\frac{dx}{dt}(t) = -k\,x(t-r) \qquad (t \geq 0). \tag{1.25}$$

ただし，関数 $x(t-r)$ は時刻 $t-r$ における x の値である．条件は，閉区間 $[-r, 0]$ において定義される実数値関数 $x_0(t) : [-r, 0] \to \mathbf{R}$ を初期関数として定めることがある（図 1.11 参照）．このとき，式 (1.25) は，常微分方程式の問題として解ける．また，式 (1.25) に対しラプラス変換を応用して，解の性質を調べることも可能である． ◆

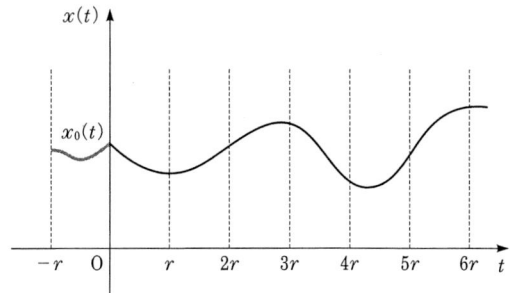

図 1.11 遅れの微分方程式 $x'(t) = -k\,x(t-r)$ は，初期関数 $x_0(t)$（$-r \leq t \leq 0$）が与えられると，帰納的に区間 $[jr, (j+1)r]$（$j = 0, 1, \cdots$）の解が決まっていく．

第 2 章　1階常微分方程式の求積法

　常微分方程式が，「解が一意的に存在する条件」をみたしている場合，どのような解法をとっても，得られた解は微分方程式の唯一の解であることが保証される．このことは，「計算過程で生じてしまう場合分け」（例えば，変数分離形 $x' = f(t)g(x)$ の解法において，$g(x) = 0$ と $g(x) \neq 0$ の場合に分けて計算を進めなければならないこと）が必要であるとき，一意性が保証されている常微分方程式の解法においては，形式的に $\dfrac{dx}{g(x)} = f(t)dt$ を導き，同式を積分すれば形式解は得られる．形式解を微分することにより，実際の解であることが検算できる．当然のことながら，他の解法で得られた解と必ず一致する．

　上記の議論を別な視点からみれば，「解が一意的に存在する条件」をみたしていない常微分方程式の場合，解法によっては異なる解が導出されることを意味する（具体的な議論は，第 8 章を参照されたい）．一意性がない場合，「解を求めよ（全ての解を求めよ）」という設問自体に無理があることになる．ゆえに，本書では「解が一意的に存在する条件」をみたしている常微分方程式を扱うのである．

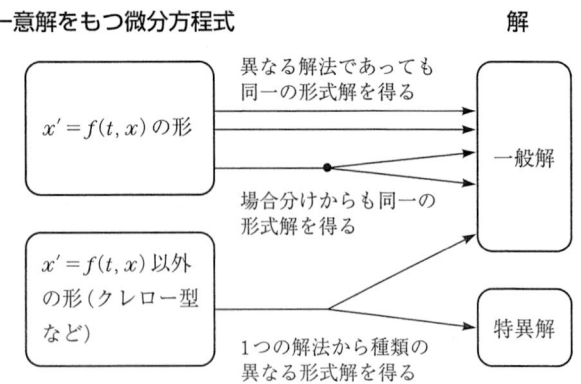

リプシッツ条件や微分可能性は，常微分方程式 $x' = f(t,x)$ の初期値問題や境界値問題における解の一意性を保証する．この形の常微分方程式を正規形といい，リプシッツ条件などはこの形に対する一意性を確認する手段として便利である．第 2 章における常微分方程式はほとんど正規形であるが，クレローの微分方程式は正規形でない．クレローの微分方程式を微分すると，正規形と非正規形の常微分方程式が得られ，非正規形のものからは特異解が得られる．

　代数方程式を解くこと，または微分・積分などの操作を有限回繰り返して微分方程式を解くことを通常，**求積法**という．本章では，この方法によって解ける例（変数分離形，同次形，完全微分形などに分類される微分方程式や，定数変化法および積分因子による手法）を解説する．解は常に，一意的に存在するための条件（例えば，リプシッツ条件や C^1 級）を各節における微分方程式に対し仮定する．

2.1　変数分離・同次形と定数変化法

2.1.1　変数分離形

関数 $x = x(t)$ を未知関数として，1 階常微分方程式

$$x' = f(t)g(x) \tag{2.1}$$

の解法を述べる．右側の関数が $f(t)$，$g(x)$ の積となって分離している場合，**変数分離形**（variables separable）という．初期条件は $x(a) = b$ とする．初期条件を考慮せず，微分方程式だけで解法を述べる場合もある．解の存在と一意性を保証するために，f, g は $\mathbf{R}$ 上で定義される次のような条件をみたす実数値関数とする．

(1)　f は連続である．
(2)　g は，リプシッツ条件（Lipshitz condition）をみたす．すなわち，定数 $L > 0$ が存在して，任意の $x, y \in \mathbf{R}$ に対して

$$|g(x) - g(y)| \leq L|x - y|$$

が成り立つ．

条件 (1) より, f は積分可能である. 条件 (2) をみたすには, 例えば, g が**滑らか** (**連続微分可能**) な関数であればよい (smooth, continuously differentiable). すなわち $g \in C^1(\mathbf{R})$ などを仮定する (C^1 級, 例題 8.2 を参照). 以上の条件 (1), (2) がみたされているならば, 第 8 章で述べるように, 式 (2.1) の解に関する存在と一意性が保証される.

ここで, (i) $g(x) \neq 0$ と, (ii) $g(x) = 0$ の場合に分けて考察する.

(i) もし, $g(x(t)) \neq 0$ である限り, 形式的に

$$\frac{dx}{g(x)} = f(t)dt$$

と書ける. 両辺を t について区間 $[a, t]$ で積分すると,

$$\int_{x(a)}^{x(t)} \frac{dr}{g(r)} = \int_a^t f(s)\,ds \tag{2.2}$$

である. 初期条件 $x(a) = b$ を用いて,

$$\int_b^{x(t)} \frac{dr}{g(r)} = \int_a^t f(s)\,ds \tag{2.3}$$

を得る.

(ii) $g(x) = 0$ のとき, $x(t) \equiv b$ が解であり, $g(b) = 0$ である.

以上より, 条件 (1), (2) 下の変数分離形方程式 (2.1) は, $g(x) \neq 0$ のとき, 解は式 (2.2) をみたし, $g(x) = 0$ のとき, $g(b) = 0$ となる b に対して, 解は $x(t) \equiv b$ である. ただし, 解の一意性が成り立つ場合, (ii) の解は (i) の解に含まれる.

例 2.1

1 階斉次線形常微分方程式の初期値問題

$$x' = p(t)x, \qquad x(a) = b \tag{2.4}$$

を解いてみよう. 関数 p は連続とする.

(i) $x \neq 0$ の場合. 微分方程式から, $\frac{1}{x}dx = p(t)dt$ より, t について閉区間 $[a, t]$ で積分すると

$$\int_b^{x(t)} \frac{1}{x}\,dx = \int_a^t p(s)\,ds.$$

このとき

$$(左辺) = \Big[\log|x|\Big]_b^{x(t)} = \log\frac{|x(t)|}{|b|},$$

$$(右辺) = \log e^{\int_a^t p(s)ds}$$

であり，$x(a) = b \neq 0$ より，次の解を得る：

$$x(t) = b\,e^{\int_a^t p(s)ds}.$$

(ii) $x = 0$ の場合．$x(t) \equiv 0$ は，1階斉次線形常微分方程式の初期値問題（$b = 0$）の一意的解である．◆

以上，(i), (ii) より次の公式が得られる．

公式 2.1 1階斉次線形常微分方程式の初期値問題
$$x' = p(t)x, \qquad x(a) = b$$
の解は，
$$x(t) = b\,e^{\int_a^t p(s)ds}$$
である．

2.1.2 同次形

t, x の比 $\dfrac{x}{t}$ を用いて表されている関数 $f\left(\dfrac{x}{t}\right)$ からなる次のような微分方程式を**同次形**（homogeneous）という：

$$x' = f\left(\frac{x}{t}\right). \tag{2.5}$$

ただし，$t \neq 0$ あるいは $x \neq 0$ で，f は連続関数である．$t \neq 0$ ならば $u = \dfrac{x}{t}$ とおき，$x \neq 0$ ならば $u = \dfrac{t}{x}$ とおく．また，微分方程式は解が一意的に存在するものと仮定する（例えば，f がリプシッツ条件をみたせばよい）．

$$u(t) = \frac{x(t)}{t} \tag{2.6}$$

とおくと，u は微分可能である．$tu(t) = x(t)$ となるから，これを微分すると $u + tu' = x'$，したがって $u + tu' = f(u)$ である．これは変数分離形であり，

$$\frac{du}{dt} = \frac{f(u) - u}{t} \tag{2.7}$$

を得る．この方程式の解法は，2.1.1 節の変数分離形の項を参照すればよい．

例 2.2

$x' = -\dfrac{x^2}{t^2}$ を解いてみよう．

$u(t) = \dfrac{x(t)}{t}$ ($t \neq 0$) とおくと，$x = tu$ である．この式を t で微分した式を用いると，与えられた微分方程式は次のような $u = u(t)$ に関する変数分離形となる：

$$x' = u + tu' = -u^2, \qquad tu' = -(u + u^2).$$

次のように (i) $u(u+1) \neq 0$ および (ii) $u(u+1) = 0$ の場合に分けて解く．

(i) $u(u+1) \neq 0$ のとき，$\dfrac{du}{u(u+1)} = \dfrac{-dt}{t}$ を積分すると

$$\int^u \frac{du}{u(u+1)} = -\int^t \frac{dt}{t} = -\log|t|.$$

ここで，

$$\begin{aligned}
(\text{左辺}) &= \int^u \left(\frac{1}{u} - \frac{1}{1+u}\right) du \\
&= \log|u| - \log|1+u| + c = -\log e^{-c} \left|\frac{u+1}{u}\right| \quad (c \text{ は積分定数})
\end{aligned}$$

であるから，両辺の対数をはずすと，解は $\dfrac{u+1}{u} = Ct$ ($C = \pm e^c$ と置き換えた)，すなわち $x + t = Ctx$ である．

(ii) $u(u+1) = 0$ のとき，$u = 0, -1$ すなわち $x = 0, -t$ を得る．

以上，(i), (ii) から解は次のように得られる ((ii) の $x = -t$ は，(i) の $C = 0$ の場合に含まれる)：

$$x = -t + Ctx, \qquad x = 0. \quad \blacklozenge$$

2.1.3 定数変化法

x の線形項 $p(t)x$ と x を含まない非斉次項 $q(t)$ とからなる,次のような非斉次線形微分方程式の初期値問題を考える:

$$x' = p(t)x + q(t), \qquad x(a) = b. \tag{2.8}$$

ここで,p, q は連続とする.

2段階に分けて解法を考える.線形常微分方程式の場合,解はただ一つしか存在しないから(第8章参照),何らかの方法で求めてしまえばよい.方針は,次のとおりである:

 [1] 最初に斉次式を解き,
 [2] さらに非斉次式を解く.

[2] では,[1] の解にでてくる(積分)定数 C を微分可能な関数と仮定して,解を求める.このような方法を**定数変化法**(variation of parameters, constant variation formulae)という.

 [1] 斉次式 $\dfrac{dx}{dt} = p(t)x$ を解く.これは変数分離形である.公式2.1より次の解を得る:

$$x(t) = C\, e^{\int_a^t p(s)ds}. \tag{2.9}$$

 [2] 非斉次式の解は,式 (2.9) における定数 C を微分可能な未知関数 $C(t)$ と仮定した

$$x(t) = C(t)\, e^{\int_a^t p(s)ds} \tag{2.10}$$

に対して,この式が非斉次式 (2.8) をみたすように $C(t)$ を求めればよい.非斉次式から

$$
\begin{aligned}
x'(t) &= C'(t)\,e^{\int_a^t p(s)ds} + p(t)C(t)\,e^{\int_a^t p(s)ds} \\
&= C'(t)\,e^{\int_a^t p(s)ds} + p(t)x(t) \\
&= p(t)x(t) + q(t)
\end{aligned}
$$

を得る．よって，$C'(t)\,e^{\int_a^t p(s)ds} = q(t)$ であるから，$C'(t) = q(t)\,e^{-\int_a^t p(s)ds}$，ゆえにこの式を t の区間 $[a,t]$ で積分し

$$
\int_a^t C'(r)\,dr = C(t) - C(a) = \int_a^t q(r)\,e^{-\int_a^r p(s)ds}\,dr
$$

である．

$$
C(t) = C(a) + \int_a^t q(r)\,e^{-\int_a^r p(s)ds}\,dr
$$

を式 (2.10) に代入し，初期条件 $x(a) = b$ を用いると，

$$
\begin{aligned}
x(t) &= \left[C(a) + \int_a^t q(r)\,e^{-\int_a^r p(s)ds}\,dr \right] e^{\int_a^t p(s)ds} \\
&= \left[b + \int_a^t q(r)\,e^{-\int_a^r p(s)ds}\,dr \right] e^{\int_a^t p(s)ds}
\end{aligned}
$$

となる．まとめて，

> **公式 2.2** 1階非斉次線形常微分方程式の初期値問題
> $$ x' = p(t)x + q(t), \qquad x(a) = b $$
> の解は，
> $$ x(t) = b\,e^{\int_a^t p(s)ds} + \int_a^t q(r)\,e^{-\int_r^t p(s)ds}\,dr $$
> のように与えられる．

初期条件が与えられていない場合には，公式における定積分を不定積分に置き換え，b を任意定数と考えればよい．

この定数変化法のアイデアは，後述の 2 階線形常微分方程式（第 3 章）や連立線形常微分方程式の解法（第 5 章）にも応用される．

例 2.3

$x' = x\cos t + e^{\sin t}$ を解いてみよう.

[1] 斉次式 $x' = x\cos t$ は,変数分離形であり,この解は
$$x = A e^{\int^t \cos s\, ds} = A e^{\sin t}$$
である.ただし,A は積分定数である.

[2] 非斉次式を解くために,$A(t)$ を微分可能な関数として,解を $x = A(t)\, e^{\sin t}$ とおく.この式を微分して $x' = A' e^{\sin t} + A\cos t\, e^{\sin t}$. これを非斉次式に代入すると
$$x' = A' e^{\sin t} + x\cos t = x\cos t + e^{\sin t}.$$
よって,$A' e^{\sin t} = e^{\sin t}$ から,
$$A(t) = \int^t 1\, ds = t + c \quad (c\text{ は積分定数})$$
である.したがって,任意の解は
$$x = (c + t) e^{\sin t}$$
となる. ◆

例 2.4

平衡状態付近の1次化学反応を考える.反応物 A が変化して生成物 B が生じる正反応 $A \to B$ は,平衡状態付近では逆反応 $B \to A$ の影響も考慮することにより,正反応,逆反応の速度定数をそれぞれ $k_1, k_2 > 0$ とすると,この1次反応の微分方程式は
$$\frac{d[A]}{dt} = -(k_1 + k_2)[A] + k_2[A]_0$$
である.ただし,最初は A だけがあり,その初期条件を $[A(0)] = [A]_0$ とする.また,A が減少した分だけ B が増加するので,$[A] + [B] = [A]_0$ の関係が成り立つ.

(1) [1]:斉次式 $[A]' = -(k_1 + k_2)[A]$ は変数分離形であり,この解は
$$[A] = C e^{-\int^t (k_1 + k_2) dt} = C e^{-(k_1 + k_2)t}$$
である(C は定数).

[2]：非斉次式を解くために，C を微分可能な関数 $C(t)$ として，解を $[A] = C(t) e^{-(k_1+k_2)t}$ とおく．この式を微分して

$$[A]' = C'(t) e^{-(k_1+k_2)t} - C(t)(k_1 + k_2) e^{-(k_1+k_2)t}.$$

これを非斉次式に代入すると

$$[A]' = C'(t) e^{-(k_1+k_2)t} - (k_1 + k_2)[A] = -(k_1 + k_2)[A] + k_2[A]_0.$$

よって，$C'(t) e^{-(k_1+k_2)t} = k_2[A_0]$ から

$$C(t) = C(0) + k_2[A]_0 \int_0^t e^{(k_1+k_2)r} dr = C(0) + \frac{k_2[A]_0(e^{(k_1+k_2)t} - 1)}{k_1 + k_2}$$

で，$C(0) = [A]_0$ より，次の解を得る：

$$[A] = \frac{k_2 + k_1 e^{-(k_1+k_2)t}}{k_1 + k_2} [A]_0.$$

（2）平衡状態は $t \to +\infty$ のときを考えればよい．極限値 $\lim_{t\to\infty}[A] = [A]_{eq}$, $\lim_{t\to\infty}[B] = [B]_{eq}$ が存在し，平衡状態での濃度はそれぞれ，

$$[A]_{eq} = \frac{k_2[A]_0}{k_1 + k_2}, \quad [B]_{eq} = [A]_0 - [A]_{eq} = \frac{k_1[A]_0}{k_1 + k_2}$$

となる．この反応の平衡定数は

$$K_{eq} = \frac{[B]_{eq}}{[A]_{eq}} = \frac{k_1}{k_2} \tag{2.11}$$

となる．簡単には反応物に関し，正反応による減少速度は $k_1[A]$ で，逆反応による増加速度は $k_2[B]$ であるから，平衡状態では $k_1[A]_{eq} = k_2[B]_{eq}$ が成り立つはずである．したがって，式 (2.11) が得られる．◆

例題 2.1

微分方程式 $x' = kt^n x$ を解け．ただし，n は $n \geq 0$ なる整数とする．

【解】 $x \neq 0$ のとき，$\dfrac{dx}{x} = kt^n$ より，積分して

$$\log |x| = \frac{kt^{n+1}}{n+1} + c = \log e^{\frac{k}{n+1} t^{n+1} + c} \quad (c \text{ は積分定数})$$

である. よって,

$$x(t) = A e^{\frac{k}{n+1} t^{n+1}} \quad (A = \pm e^c \neq 0).$$

また, $x = 0$ のときは, 上の解で $A = 0$ の場合になっている. 以上より, 解は, A を実数として

$$x(t) = A e^{\frac{k}{n+1} t^{n+1}}$$

である. ◆

例題 2.2

次の微分方程式を解け:

$$x' = \frac{x + 4t - 5}{x + t - 2}.$$

【解】 同次形を導くために, 分子・分母の定数項が現れない置き換えを考えよう. このためには, 分子・分母がそれぞれ

$$x + 4t - 5 = (x - \alpha) + 4(t - \beta), \tag{2.12}$$

$$x + t - 2 = (x - \alpha) + (t - \beta) \tag{2.13}$$

の右辺のように表される α, β を求めればよい. 両式から

$$\alpha + 4\beta = 5, \qquad \alpha + \beta = 2$$

が得られるから, これを解いて $\alpha = \beta = 1$ を得る. したがって, $X = x - 1, T = t - 1$ とおくと, $\dfrac{dX}{dT} = \dfrac{dx}{dt}$ であるから, 次の同次形の微分方程式を得る :

$$\frac{dX}{dT} = \frac{X + 4T}{X + T}.$$

これは同次形になっているから, $u(T) = \dfrac{X(T)}{T}$ ($T \neq 0$) として,

$$\frac{u+1}{-u^2 + 4} du = \frac{1}{T} dT \quad \text{すなわち} \quad \left(\frac{3}{u-2} + \frac{1}{u+2} \right) du = \frac{-4}{T} dT$$

を得る. これを積分すると

$$\log |u-2|^3 + \log |u+2| = \log \frac{e^c}{T^4} \quad (c は積分定数)$$

となる．両辺の対数をはずして，x と t についての式に戻せば次の関係式

$$(x-2t+1)^3(x+2t-3) = C$$

を得る．$u^2 = 4$ の場合を考察すると，C は実数である．　◆

例題 2.3

抵抗 R，インダクタンス L のコイル，起電力 $E(t) = E_0 \sin \omega t$ $(\omega > 0)$ からなる電気回路を考える．オーム (ohm) の法則から，回路に流れる電流を $x = x(t)$ とすると，次の1階非斉次線形常微分方程式が成り立つ：

$$R\,x(t) + L\,x'(t) = E_0 \sin \omega t.$$

この微分方程式を，初期条件 $x(0) = b$ のもとで定数変化法を用いて解け．また，時間が十分に経った場合 $(t \to \infty)$ における電流を求めよ．

【解】　[1] 斉次式 $x' = -\dfrac{R}{L}x$ は変数分離形である．C を定数として解は $x(t) = Ce^{-\frac{R}{L}t}$ である．

[2] 非斉次式の初期値問題 $x' = -\dfrac{R}{L}x + \dfrac{E_0}{L}\sin\omega t$, $x(0) = b$ を解く．斉次式の解における C を微分可能な関数 $C(t)$ とした $x(t) = C(t)e^{-\frac{R}{L}t}$ を非斉次式の解と仮定して，この $x(t)$ を非斉次式に代入すると

$$（左辺）= C(t)\frac{-R}{L}e^{-\frac{R}{L}t} + C'(t)e^{-\frac{R}{L}t},$$

$$（右辺）= -\frac{R}{L}C(t)\,e^{-\frac{R}{L}t} + \frac{E_0}{L}\sin\omega t.$$

よって，$C'(t) = \dfrac{E_0}{L}e^{\frac{R}{L}t}\sin\omega t$ であるから，

$$C(t) = C(0) + \frac{E_0}{L}\int_0^t e^{\frac{R}{L}s}\sin\omega s\,ds$$

を得る．右辺第2項の積分は部分積分を2回繰り返して計算すると

$$\frac{E_0}{L}\int_0^t e^{\frac{R}{L}s}\sin\omega s\, ds = \frac{E_0}{R}e^{\frac{R}{L}t}\sin\omega t - \frac{E_0 L\omega}{R^2}(e^{\frac{R}{L}t}\cos\omega t - 1)$$
$$- \frac{E_0 L\omega^2}{R^2}\int_0^t e^{\frac{R}{L}s}\sin\omega s\, ds$$

となるから,

$$C(t) = C(0) + \frac{E_0(R\,e^{\frac{R}{L}t}\sin\omega t - L\omega\,e^{\frac{R}{L}t}\cos\omega t + L\omega)}{R^2 + L^2\omega^2}$$

である.ここで初期条件 $x(0) = b = C(0)$ を用いれば,解は次のように得られる:

$$x(t) = b\,e^{-\frac{R}{L}t} + \frac{E_0(R\sin\omega t - L\omega\cos\omega t + L\omega\,e^{-\frac{R}{L}t})}{R^2 + L^2\omega^2}.$$

これより,t が十分大のとき,$e^{-\frac{R}{L}t}$ の項が 0 に収束するから,電流は振動する次の関数

$$y(t) = \frac{E_0(R\sin\omega t - L\omega\cos\omega t)}{R^2 + L^2\omega^2}$$

に収束する. ◆

問題 2.1 次の微分方程式 $(t > 0)$ を解け.

(1) $x' = \dfrac{x^2 - 1}{t}$

(2) $(1 + t^2)x^3 + (1 - x^3)t^3 x' = 0$

(3) $t^3 x' + x^2 = 0$

(4) $x' = \cos(t - x) - \cos(t + x)$

(5) $x' + t^2 e^x = 0$

(6) $x' = -\dfrac{tx}{t^2 + x^2}$

(7) $x' = \dfrac{4t + x - 6}{t + x - 3}$

(8) $x' = \dfrac{x(t + x)}{t^2}$

(9) $x' = -\dfrac{x}{t} + \dfrac{\log t}{t}$

(10) $x' = -\left(1 + \dfrac{1}{t}\right)x + \dfrac{e^{-t}}{t}$

(11) $x' = \dfrac{(2t - 1)x}{t^2} + 1$

(12) $x' = kt^n x + t^n$ $(k \neq 0, n = 1, 2, \cdots)$

(13) $x' = 2tx + e^{t^2}\sin t$

(14) $\theta' = -\dfrac{\sigma}{k}\theta + \dfrac{\sigma\theta_0}{k},\quad \theta(t_0) = T_0$

(15) $x' = k([A]_0 - x)([B]_0 - x),\quad x(0) = 0$ (ただし $t \geq 0$)

(16) $x' = -kx^n,\quad x(0) = x_0$ (ただし $t \geq 0, n \neq 1$)

問題 2.2 (1) ロトカ・ボルテラ方程式 $\dfrac{dx}{dt} = ax - bxy,\ \dfrac{dy}{dt} = pxy - qy$ (a, b, p, q は定数)から,比をとることにより次の微分方程式を得る:

$$\frac{dy}{dx} = \frac{y(px-q)}{(a-by)x}.$$

A を積分定数とするとき，解は次のように得られることを示せ：

$$\frac{x^q y^a}{e^{px+by}} = A.$$

（2） 次の初期値問題を解け（a, k_1, k_2, k_3 は定数）：

$$\frac{dy}{dx} = \frac{k_2 xy - k_3 y}{k_1 ax - k_2 xy}, \qquad y(x_0) = y_0.$$

（3） 伝染病モデル $\dfrac{dS}{dt} = -rSI,\ \dfrac{dI}{dt} = rSI - aI,\ \dfrac{dR}{dt} = aI$ から，比 $\dfrac{dI}{dt}\Big/\dfrac{dS}{dt}$，$\dfrac{dR}{dt}\Big/\dfrac{dS}{dt}$ を計算して得る次の微分方程式を解け：

$$\frac{dI}{dS} = \frac{a}{rS} - 1, \quad \frac{dR}{dS} = \frac{-a}{rS} \qquad (a, r \text{ は定数}).$$

2.2 完全微分形

本節では，独立変数は x，従属変数は y として，関数 $y = y(x)$ を未知とする微分方程式 $\dfrac{dy}{dx} = f(x,y)$ の解法を述べる．特に，$f(x,y) = -\dfrac{P(x,y)}{Q(x,y)} \neq 0$ の場合において，具体解が求められる条件を与える．

まず，次の微分方程式を考えよう：

$$P(x,y)dx + Q(x,y)dy = 0. \tag{2.14}$$

ただし，$(P(x,y), Q(x,y)) \neq (0,0)$（すなわち，上の条件 $f \neq 0$ をみたしている）とする．P, Q の1次偏導関数 $\dfrac{\partial P}{\partial x}, \dfrac{\partial P}{\partial y}, \dfrac{\partial Q}{\partial x}, \dfrac{\partial Q}{\partial y}$ は連続とする．微分方程式 (??) を解くために，次の完全微分形の定義は重要である．

定義 2.1 微分方程式 (??) が**完全微分形** (exact differential) であるとは，連続微分可能な関数 F が存在し，次の等式が成り立つことをいう：

$$P = \frac{\partial F}{\partial x}, \qquad Q = \frac{\partial F}{\partial y}. \tag{2.15}$$

微分方程式 (2.14) が完全微分形であるならば，式 $F(x,y) = c$（定数）が式 (2.14) の解である．実際，x, y について F は連続微分可能であるから，F を微分すると，微分学の定理から $dF = \dfrac{\partial F}{\partial x}\,dx + \dfrac{\partial F}{\partial y}\,dy = 0$ が成り立つ．さらに，$\dfrac{\partial F}{\partial x} = P$，$\dfrac{\partial F}{\partial y} = Q$ より式 (2.14) が成り立つからである．

式 (2.14) が完全微分形であるとき，F は連続微分可能，すなわち C^1 級である．したがって，F は全微分可能で，次の 1 次近似式が成り立つ：
$$F(x+h, y+k) - F(x,y) = \dfrac{\partial F}{\partial x}h + \dfrac{\partial F}{\partial y}k + \varepsilon(h,k) \quad (|h|+|k| \to 0).$$
ただし，ε は，$\displaystyle\lim_{|h|+|k|\to 0} \dfrac{\varepsilon(h,k)}{|h|+|k|} = 0$ をみたす．

完全微分方程式の幾何学的な意味を図 2.1 を用いて示そう．滑らかな曲面 $z = F(x,y)$ と平面 $z = c$（c は定数）との交わりは曲線 $F(x,y) = c$ で与えられ，
$$0 = dF = \dfrac{\partial F}{\partial x}\,dx + \dfrac{\partial F}{\partial y}\,dy = P(x,y)dx + Q(x,y)dy$$
をみたす．したがって，曲線 $F(x,y) = c$ は完全微分形方程式をみたす解である．

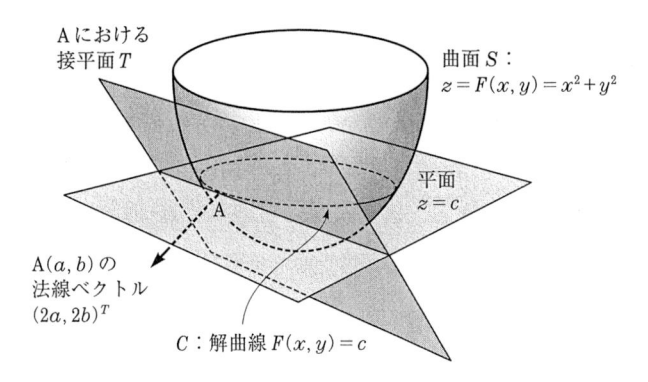

図 2.1 放物曲面 $S : z = F(x,y) = x^2 + y^2$ と平面 $z = c$ の交線 C は円で，$x^2 + y^2 = c$ と表される．C 上の点 $A(a,b)$ における S の法線ベクトルは $(2a, 2b)^T$ である．

微分方程式 (E)：$2xdx + 2ydy = 0$ とは，円 $C : F(x,y) = c$ に関する微分であり，その微分方程式 (E) の解曲線は $F(x,y) = c$ である．

例 2.5

(1) 2変数関数 $F(x,y) = x^2 + y^2$ は，$\mathbf{R}^2$ で全微分可能であることを示そう．
$h, k \in \mathbf{R}$ として

$$F(x+h, y+k) - F(x,y) = \{(x+h)^2 + (y+k)^2\} - \{x^2 + y^2\}$$
$$= 2xh + 2yk + (h^2 + k^2)$$

である．このとき，$\dfrac{\partial F}{\partial x} = 2x,\ \dfrac{\partial F}{\partial y} = 2y$ であって，$\displaystyle\lim_{|h|+|k|\to 0} \dfrac{h^2+k^2}{|h|+|k|} = 0$ である．なぜなら，

$$0 \leq \frac{h^2+k^2}{|h|+|k|} \leq \frac{(|h|+|k|)^2}{|h|+|k|} = |h|+|k| \to 0 \qquad (|h|+|k| \to 0)$$

よりいえる．

(2) 式 $F(x,y) = x^2 + y^2 = c$（定数）は，微分方程式

$$x\,dx + y\,dy = 0$$

の解であることを示す．F を微分すると，

$$dF(x,y) = d(x^2 + y^2) = 2x\,dx + 2y\,dy$$

であり，定数 c の微分は 0 であるから，$F = c$ は $x\,dx + y\,dy = 0$ の解である．◆

微分方程式 (2.14) の解法を考えよう．係数 P, Q は，$\mathbf{R}^2$ 内の領域 D 上で連続微分可能とする．もし，式 (2.14) が完全微分形であるならば，$P = F_x, Q = F_y$ より，$P_y = F_{xy} = F_{yx} = Q_x$ が成り立つ．逆に，$P_y = Q_x$ であるとき，c を定数として，完全微分形であるときの式 (2.14) の解は次の式で与えられる：

$$F(x,y) = \int^x P(\xi, y)\,d\xi + \int^y \left[Q(x,\eta) - \frac{\partial}{\partial \eta}\int^x P(\xi, \eta)\,d\xi\right]d\eta = c. \qquad (2.16)$$

式 (2.16) を導こう．$F_x = P(x,y)$ を x で積分して，

$$F(x,y) = \int^x P(\xi,y)\,d\xi + R(y) \tag{2.17}$$

を得る.ここで,R は x についての積分の際に生じる y の任意関数で,x に対しては一定(定数と同じ)である.さらに,y について微分すると,$F_y = Q$ より,

$$F_y = \frac{\partial}{\partial y}\int^x P(\xi,y)\,d\xi + R'(y) = Q(x,y).$$

よって,$R'(y) = Q(x,y) - \dfrac{\partial}{\partial y}\int^x P(\xi,y)\,d\xi$ から,y で積分すると

$$R(y) = \int^y \left[Q(x,\eta) - \frac{\partial}{\partial y}\int^x P(\xi,\eta)\,d\xi\right]d\eta.$$

以上より,式 (2.16) を得る.以下に完全微分形の条件を定理の形でまとめる.

定理 2.1 微分方程式

$$P(x,y)dx + Q(x,y)dy = 0 \tag{2.18}$$

の係数 P, Q は,$\mathbf{R}^2$ 内の領域 D で連続微分可能とする.このとき,微分方程式 (2.18) が完全微分形であるとは,次の等式が成り立つことである:

$$\frac{\partial P}{\partial y} = \frac{\partial Q}{\partial x} \quad ((x,y) \in D). \tag{2.19}$$

さらに,次のように与えられる $F(x,y) = c$ は,式 (2.18) の解である:

$$F(x,y) = \int^x P(\xi,y)\,d\xi + \int^y \left[Q(x,\eta) - \frac{\partial}{\partial \eta}\int^x P(\xi,\eta)\,d\xi\right]d\eta = c. \tag{2.20}$$

また,次のようにも F は計算できる.

公式 2.3 完全微分形である微分方程式 (2.18) の解は次の形でも与えられる (例題 2.4 参照):

$$F(x,y) = \int_a^x P(\xi,b)\,d\xi + \int_b^y Q(x,\eta)\,d\eta = c\,(定数). \tag{2.21}$$

点 (a,b) は領域 D 内の点で,式 (2.21) の積分は,始点 (a,b) から終点 (x,y) への経路で行う.なお,$(P(a,b), Q(a,b)) \neq (0,0)$ でなければならない.

例 2.6

次の微分方程式を解いてみよう：
$$(2xy + 3y^3)dx + (x^2 + 9xy^2)dy = 0. \tag{E}$$

$P = 2xy + 3y^3$, $Q = x^2 + 9xy^2$ とおくと，$\dfrac{\partial P}{\partial y} = 2x + 9y^2$, $\dfrac{\partial Q}{\partial x} = 2x + 9y^2$ より，$\dfrac{\partial P}{\partial y} = \dfrac{\partial Q}{\partial x}$ が成り立つ．ゆえに，微分方程式 (E) は完全微分形である．

(i) 完全微分形の解として，$\dfrac{\partial F}{\partial x} = P$, $\dfrac{\partial F}{\partial y} = Q$ をみたす $F(x,y) = c$ を求めよう．$\dfrac{\partial F}{\partial x} = P = 2xy + 3y^3$ を x で積分すると，$R(y)$ を y についての任意関数として
$$F = x^2 y + 3xy^3 + R(y)$$
である．これを y で微分すると，
$$\frac{\partial F}{\partial y} = x^2 + 9xy^2 + \frac{dR}{dy}$$
となる．一方，$\dfrac{\partial F}{\partial y} = Q = x^2 + 9xy^2$ であるから，両式より $\dfrac{dR}{dy} = 0$ を得る．したがって，$R(y) = c$（定数）となるから，解は次のように求められる：
$$x^2 y + 3xy^3 = c.$$

(ii) 公式 (2.21) を用いる場合の解は次のように求められる．
$a = 0$, $b = 1$（$(P(a,b), Q(a,b)) \neq (0,0)$）とすると，
$$c = \int_0^x P(\xi, 1)\, d\xi + \int_1^y Q(x, \eta)\, d\eta$$
$$= x^2 y + 3xy^3$$

となる．◆

例題 2.4

関数 $P(x,y)$, $Q(x,y)$ は連続微分可能とする．完全微分形 $P(x,y)\,dx + Q(x,y)\,dy = 0$ に関し，
$$F(x,y) = \int_a^x P(\xi, b)\, d\xi + \int_b^y Q(x, \eta)\, d\eta = c \text{（定数）} \tag{2.22}$$

はただ 1 つの解であることを示せ．ただし，(a,b) は公式 2.3 で定めたように選ぶ．

2.2 完全微分形

【考察】 点 (a,b) は，関数 P, Q の定義域 D 内の点で，$P(a,b) = Q(a,b) = 0$ をみたさないとする．$P \neq 0$ ($Q \neq 0$) ならば，完全微分形は $\dfrac{dx}{dy} = -\dfrac{Q}{P} \left(\dfrac{dy}{dx} = -\dfrac{P}{Q} \right)$ を意味する．積分は，D 内における始点 (a,b) から終点 (x,y) への連続微分可能な曲線上に沿って行う（図 2.2 参照）．

解の一意性は，$\dfrac{dy}{dx} = -\dfrac{P}{Q}$ とみて，P, Q が C^1 級であることよりただちにいえる．

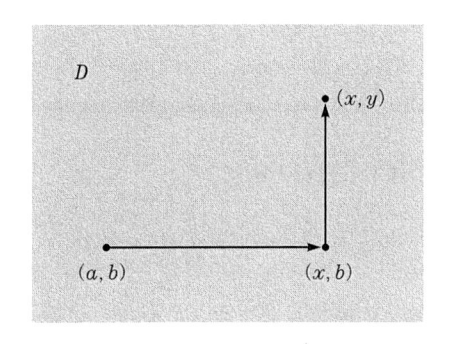

図 **2.2** 長方形の領域 D 内における積分の経路

式 (2.22) で与えられる F が解となることは，$\dfrac{\partial F}{\partial x} = P$, $\dfrac{\partial F}{\partial y} = Q$ であることを示せばよい．

$$\begin{aligned}
\frac{\partial F}{\partial x} &= P(x,b) + \frac{\partial}{\partial x} \int_b^y Q(x,\eta)\, d\eta \\
&= P(x,b) + \int_b^y \frac{\partial}{\partial x} Q(x,\eta)\, d\eta \quad \text{(微分と積分の順序は交換可能より)} \\
&= P(x,b) + \int_b^y P_y(x,\eta)\, d\eta \quad \text{(完全微分形であることから，$P_y = Q_x$ より)} \\
&= P(x,b) + P(x,y) - P(x,b) \quad \text{(積分の実行)} \\
&= P(x,y).
\end{aligned}$$

同様にして，$\dfrac{\partial F}{\partial y} = Q$ が示されるので，式 (2.22) は完全微分形の解であることが示される．◆

問題 2.3 次の微分方程式を解け.

（1） $(e^x + 4y)dx + (4x - \sin y)dy = 0$ 　　（2） $(x + y^2)dx + 2xy dy = 0$

（3） $(x^2 + 2xy)dx + x^2 dy = 0$ 　　（4） $(y\cos x - x^2)dx + (y + \sin x)dy = 0$

（5） $(3x^2 + y^2)dx + 2xy dy = 0$ 　　（6） $(2xy - \cos x)dx + (x^2 - 1)dy = 0$

（7） $(x^3 + e^x \sin y + y^3)dx + (3xy^2 + e^x \cos y + y^3)dy = 0$

（8） $(x + y)dx + x dy = 0$

2.3　積分因子

未知関数 $y = y(x)$ に対する微分方程式

$$P(x, y)\, dx + Q(x, y)\, dy = 0 \tag{2.23}$$

が，完全微分形でない場合の解法を述べる．P, Q は，定義されている領域 D において連続微分可能とし，$(P(x,y), Q(x,y)) \neq (0,0)$ $(x, y \in D)$ とする．次の関数は解法を考えるとき重要である．

> 微分方程式 (2.23) において，$P_y(x,y) \neq Q_x(x,y)$ は成立しないが，P, Q の両辺に微分可能なある関数 $M(x,y) \neq 0$ を掛けることにより $\dfrac{\partial}{\partial y}(PM) = \dfrac{\partial}{\partial x}(QM)$ が成り立つ，すなわち
>
> $$P(x,y)M(x,y)dx + Q(x,y)M(x,y)dy = 0$$
>
> が完全微分形となるとき，$M(x,y)$ を式 (2.23) の**積分因子**（integrating factor）という．

さて，完全微分形になる条件 $\dfrac{\partial}{\partial y}(PM) = \dfrac{\partial}{\partial x}(QM)$ から $PM_y + P_y M = QM_x + Q_x M$，すなわち

$$(P_y - Q_x)M = QM_x - PM_y$$

を得る．この式が，P, Q に対して M がみたすべき条件になる．積分因子 M を用いて求めた完全微分方程式の解は $PM\, dx + QM\, dy = 0$ をみたすから，その解は

2.3 積分因子

式 (2.23) もみたす.

種々の仮定のもとで, M を定める次のような公式が得られる.

(i) $\underline{M = M(x) \text{ であると仮定する}}$. 積分因子は x の関数として求めるのである.

偏導関数 $M_y(x) = 0$ であり, x の関数として $\dfrac{M_x(x)}{M(x)} = f(x) \left(= \dfrac{P_y - Q_x}{Q} \right)$ とおくと, これは変数分離形であるから容易に解け, $M(x) = A\,e^{\int^x f(s)ds}$ (A は積分定数) を得る. 積分因子に一般性をもたせる必要はないので, $A = 1$ とおき, 次の積分因子を得る:

$$M(x) = e^{\int^x \frac{P_y - Q_x}{Q} dx}.$$

(ii) $\underline{M = M(y) \text{ であると仮定する}}$. すなわち積分因子は y の関数として求める.

$M_x(y) = 0$ であり, $\dfrac{M_y(y)}{M(y)} = g(y) \left(= \dfrac{-P_y + Q_x}{P} \right)$ とおくと, $M(y) = A\,e^{\int^y g(s)ds}$ (A は積分定数) を得る. $A = 1$ とおき, 次の積分因子を得る:

$$M(y) = e^{\int^y \frac{-P_y + Q_x}{P} dy}.$$

(iii) $\underline{u = x + y \text{ として}, M = M(u) \text{ であると仮定する}}$. $\dfrac{\partial u}{\partial x} = 1$ より,

$$M_x(u) = \frac{\partial M}{\partial u} \frac{\partial u}{\partial x} = \frac{\partial M}{\partial u}.$$

同様に, $M_y(u) = \dfrac{\partial M}{\partial u}$ から,

$$P_y - Q_x = Q \frac{M_x}{M} - P \frac{M_y}{M} = (Q - P) \frac{M_u}{M}$$

となる. $\dfrac{P_y - Q_x}{Q - P} = \dfrac{M_u}{M}$ を解くと,

$$M(u) = e^{\int^u \frac{P_y - Q_x}{Q - P} du}.$$

公式をまとめると以下のようになる.

公式 2.4 微分方程式 $P(x,y)\,dx + Q(x,y)\,dy = 0$ に対する 3 タイプの積分因子を以下に述べる：

(i) $\dfrac{P_y - Q_x}{Q}$ が x の関数のとき，積分因子は
$$M(x) = e^{\int^x \frac{P_y - Q_x}{Q} dx}.$$

(ii) $\dfrac{-P_y + Q_x}{P}$ が y の関数のとき，積分因子は
$$M(y) = e^{\int^y \frac{-P_y + Q_x}{P} dy}.$$

(iii) $\dfrac{P_y - Q_x}{Q - P}$ が $u = x + y$ の関数のとき，積分因子は
$$M(u) = e^{\int^u \frac{P_y - Q_x}{Q - P} du}.$$

例 2.7

次の微分方程式に関し，積分因子を求めて解いてみよう．

（1） $(x + 2y)dx + x\,dy = 0$ 　　（2） $y\,dx - (x + y)dy = 0$

（3） $(x + y + 1)dx + dy = 0$

（1） $P = x + 2y,\ Q = x$ より，$P_y = 2,\ Q_x = 1$ である．$\dfrac{P_y - Q_x}{Q} = \dfrac{1}{x}$ となるから，公式 2.4 (i) によって，積分因子 M は $M(x) = x$ となる．x を方程式に掛けると，完全形微分方程式 $x(x + 2y)dx + x^2 dy = 0$ を得る．この方程式の解を関数 F として，
$$F_x = x(x + 2y), \qquad F_y = x^2$$
をみたすものを求める．その第 1 式を積分して，
$$F(x,y) = \int^x r(r + 2y)\,dr = \frac{x^3}{3} + x^2 y + R(y)$$
を得る．これを，y に関し微分すると，$F_y = x^2 + R'(y) = xQ = x^2$ となるから，$R'(y) = 0$，すなわち，$R(y) = c$（定数）を得る．ゆえに，解は次のように得られる：
$$\frac{x^3}{3} + x^2 y = c.$$

（2） $P = y,\ Q = -(x + y)$ とおくと，$P_y = 1,\ Q_x = -1$ である．このとき，$\dfrac{-P_y + Q_x}{P} = \dfrac{-2}{y}$ となるから，公式 2.4 (ii) によって，積分因子 M は

となる．関数 F として，
$$M(y) = e^{-\int^y \frac{2dy}{y}} = \frac{1}{y^2}$$

$$F_x = \frac{1}{y}, \quad F_y = -\frac{x+y}{y^2}$$

をみたすものを求める．公式 2.4 (ii) を用いて，点 $(0,1)$ から点 (x,y) まで積分すると
$$F = \int_0^x 1\, ds - \int_1^y \frac{x+r}{r^2}\, dr = \frac{x}{y} - \log y$$

より，解は次のように得られる：
$$\frac{x}{y} - \log y = c \text{（定数）．}$$

（3） $P = x+y+1$, $Q = 1$ とおくと，$P_y = 1$, $Q_x = 0$ より，$\dfrac{P_y - Q_x}{Q - P} = \dfrac{1}{-(x+y)}$

となる．$u = x+y$ とおくと，公式 2.4 (iii) によって，積分因子 M は
$$M(u) = e^{\int^u \frac{-1}{r} dr} = \frac{1}{u} = \frac{1}{x+y}$$

となる．関数 F として，
$$F_x = 1 + \frac{1}{x+y}, \quad F_y = \frac{1}{x+y}$$

をみたすものを求める．公式 2.3 を用いて，点 $(1,0)$ から点 (x,y) まで積分すると
$$F = \int_1^x \left(1 + \frac{1}{r}\right) dr + \int_0^y \frac{1}{x+s}\, ds = x - 1 + \log x + \log(x+y) - \log x$$

より，解は次のように得られる：
$$x + \log(x+y) = c \text{（定数）．} \quad \blacklozenge$$

例題 2.5

変数分離形の微分方程式 $\dfrac{dy}{dx} = f(x)g(y)$ は，$g(y) \neq 0$ のもとで変形すると
$$f(x)dx - \frac{1}{g(y)}\, dy = 0 \tag{2.24}$$

となる．式 (2.24) は，完全微分形であることを示し，解を求めよ．

【解】 $P = f(x)$, $Q = -\dfrac{1}{g(y)}$ とおくと，$P_y = 0 = Q_x$ より，式 (2.24) は完全微分形である．式 (2.21) より，c を定数として x, y は次の等式をみたす：

$$\int^x f(r)\,dr - \int^y \frac{1}{g(s)}\,ds = c. \quad \blacklozenge$$

例題 2.6

非斉次線形常微分方程式 $\dfrac{dy}{dx}(x) = p(x)y + q(x)$ を

$$\{p(x)y + q(x)\}dx - dy = 0$$

とみなすとき，$M(x) = e^{-\int^x p(r)dr}$ は積分因子であることを示し，解を求めよ．

【解】 $P = M(x)\{p(x)y + q(x)\}$, $Q = -M(x)$ とおいて，偏微分すると

$$P_y = p(x)\,e^{-\int^x p(r)dr}, \qquad Q_x = p(x)\,e^{-\int^x p(r)dr}$$

となる．$P_y = Q_x$ であるから，$M(x)\{p(x)y + q(x)\}dx - M(x)dy = 0$ は完全微分形である．完全微分形の定義式 (2.15) をみたす $F(x,y) = c_1$ なる $F(x,y)$ を求める（定理 2.1）．$F_y = Q(x,y) = -e^{-\int^x p(r)dr}$ を y で積分すると

$$F(x,y) = -y\,e^{-\int^x p(r)dr} + R(x).$$

これを x で微分すると，$F_x = y\,p(x)\,e^{-\int^x p(r)dr} + R'(x) = \{p(x)y + q(x)\}e^{-\int^x p(r)dr}$ を得る．よって，$R'(x) = q(x)\,e^{-\int^x p(r)dr}$ であるから，x でこれを積分すると

$$R(x) = c_2 + \int^x q(s)\,e^{-\int^s p(r)dr}\,ds \qquad (c_2 \text{は積分定数}).$$

したがって，

$$F(x,y) = -y\,e^{-\int^x p(r)dr} + c_2 + \int^x q(s)\,e^{-\int^s p(r)dr}\,ds = c_1$$

から，$c = c_2 - c_1$ とおくと，次のような解を得る：

$$y = c\,e^{\int^x p(r)dr} + e^{\int^x p(r)dr}\int^x q(s)\,e^{-\int^s p(t)dt}\,ds. \quad \blacklozenge$$

2.3 積分因子

問題 2.4 次の微分方程式を [ ] 内の積分因子を用いて解け.

(1) $(x^2 + 2x + y)dx + dy = 0$ $[\ e^x\ ]$

(2) $(y^3 - 3x^2y)dx + (4xy^2 - 2x^3)dy = 0$ $[\ y\ ]$

(3) $(x^3 e^x y^2 - 2x + 2y)dx + (2x^3 e^x y - x)dy = 0$ $\left[\ \dfrac{1}{x^3}\ \right]$

(4) $3x^2 y dx + (2x^3 - 4y^2)dy = 0$ $[\ y\ ]$

(5) $(2x^2 + 2xy + 2x + 1)dx + dy = 0$ $\left[\ \dfrac{1}{x+y+1}\ \right]$

(6) $xy^3 dx + (x^2 y^2 - 1)dy = 0$ $\left[\ \dfrac{1}{y}\ \right]$

(7) $(\sin x - x\cos x - 3x^2(y-x)^2)dx + 3x^2(y-x)^2 dy = 0$ $\left[\ \dfrac{1}{x^2}\ \right]$

(8) $(xy^2 - y^3)dx + (1 - xy^2)dy = 0$ $\left[\ \dfrac{1}{y^2}\ \right]$

(9) $(x + y)dx + dy = 0$ $\left[\ \dfrac{1}{x+y-1}\ \right]$

(10) $ydx - (x^2 + y^2 + x)dy = 0$ $\left[\ \dfrac{1}{x^2+y^2}\ \right]$

(11) $ydx - (1 + y)dy = 0$ $[\ e^{-(x-y)}\ ]$

(12) $(xy + y)dx + (3x^2 + 4x)dy = 0$ $[\ x^2 y^{11}\ ]$

問題 2.5 正の実数 λ に対して, 関数 $P(x,y)$ は, $P(\lambda x, \lambda y) = \lambda^n P(x,y)$ をみたすとき, n 次の**同次式** (homogeneous) であるという.

(1) 微分方程式 $P(x,y)dx + Q(x,y)dy = 0$ の $P(x,y), Q(x,y)$ が n 次の同次式であるとき, $M(x,y) = \dfrac{1}{xP+yQ}$ は, 積分因子の1つであることを示せ.

(2) 正の整数 $n = 1, 2, \cdots$ に対し, 微分方程式
$$\left(x^{n-1} - \frac{(xy)^{n/2}}{2x}\right)dx + \left(y^{n-1} + \frac{(xy)^{n/2}}{2y}\right)dy = 0$$
は, $n-1$ 次の同次式であることを示して解け.

2.4 特殊な1階微分方程式

研究者の名前を冠した著名な1階微分方程式として，ベルヌーイの微分方程式，リカッチの微分方程式，クレロー（あるいはクレーロ）の微分方程式と呼ばれるものがある．これらは最先端的な研究においても，重要な役割を果たしている．種々の置き換えにより，変数分離形や線形微分方程式に帰着されることがある．元の方程式は非線形であるが，リプシッツ条件あるいは微分可能性がみたされているために初期値問題の解の一意性は成り立つ．また，一般解の他に特異解をもつことがある．特に，リカッチの方程式は，飛行機エンジンに関して大気の抵抗を考慮する運動方程式，線形受動回路のシンセシス，差分ゲーム理論，散乱理論における応用が知られている．

[1] ベルヌーイ（Bernoulli）の微分方程式

微分方程式

$$x' = a(t)x + b(t)x^n \qquad (n\text{は整数で}n \neq 0, 1)$$

を考える．これは1階非線形微分方程式である．なお $n = 0, 1$ のとき，線形微分方程式となる．関数 a, b は連続とする．$x(t) \equiv 0$ は1つの解である．

$x(t) \neq 0$ となる解を求めよう．両辺を $x^n \neq 0$ で割ると，

$$x^{-n}x' = a(t)x^{1-n} + b(t).$$

さらに，$u(t) = x(t)^{1-n}$ とおくと，$u' = (1-n)x^{-n}x'$ より

$$\frac{u'}{1-n} = a(t)u + b(t)$$

を得る．これは，1階非斉次線形常微分方程式である．その解法は公式2.2で述べられている．

例 2.8

ベルヌーイの微分方程式 $x' = x - tx^2$ を解いてみよう.

$x \neq 0$ のとき, 式を x^2 で割ると $x^{-2}x' = x^{-1} - t$ となる. $u(t) = x^{-1}$ を微分すると, $u' = -x^{-2}x'$ より, 非斉次線形方程式

$$u' = -u + t$$

を得る. その斉次式 $u' = -u$ の解は, $u = Ae^{-t}$ (A は積分定数) である. 次に, A を微分可能な関数 $A(t)$ として, 定数変化法によって非斉次方程式を解く. $u' = A'e^{-t} - Ae^{-t} = -u + t$ から, $A'(t) = te^t$ である. これを積分すると

$$A(t) = (t-1)e^t + \frac{1}{c}$$

($c \neq 0$ は積分定数. 解の表現を簡潔にするために, $\frac{1}{c}$ とおく.)

より, 解は次のように得られる：

$$x = \frac{1}{u} = \frac{1}{A(t)e^{-t}} = \frac{c}{c(t-1) + e^{-t}} \quad (c \neq 0).$$

$x(t) \equiv 0$ のとき, これも1つの解であって, 上の式で $c = 0$ の場合にあたる.

以上より, c を任意定数として, 解は $x(t) = \dfrac{c}{c(t-1) + e^{-t}}$ である. ◆

例 2.9

微分方程式 $x' = x - e^t x^3$ を解いてみよう.

$x \neq 0$ と仮定して, 式の両辺を x^3 で割ると $x^{-3}x' = x^{-2} - e^t$ を得る. $u = \dfrac{1}{x^2}$ とおくと, $\dfrac{du}{dt} = -2x^{-3}x'$ であり, 方程式は $-\dfrac{1}{2}u' = u - e^t$, すなわち, 次のような u に関する非斉次線形常微分方程式を得る：

$$u' = -2u + 2e^t. \tag{L}$$

斉次式 $u' = -2u$ の解は, A を定数として $u = Ae^{-2t}$ である. $A = A(t)$ は微分可能な関数として, 非斉次方程式を定数変化法を用いて解く. 式(L)と $u' = -2Ae^{-2t} + A'e^{-2t}$ から, $A' = 2e^{3t}$ である. 積分して c を積分定数とすれば

$$A(t) = \frac{1}{c} + \frac{2}{3}e^{3t} \quad (c \neq 0)$$

を得る．ゆえに，$x(t) = \pm \sqrt{\dfrac{c\,e^{2t}}{1+\dfrac{2}{3}c\,e^{3t}}}\ \left(c>0,\ c<-\dfrac{3}{2}\right)$ となる．

また，$x = 0$ のときは，上の式で $c = 0$ の場合にあたる．以上より，次の解を得る：

$$x(t) = \pm \sqrt{\dfrac{c\,e^{2t}}{1+\dfrac{2}{3}c\,e^{3t}}}\quad \left(c \geq 0,\ c<-\dfrac{3}{2}\right).\ \blacklozenge$$

[2] リカッチ（Ricatti）の微分方程式

微分方程式

$$x' = a(t) + b(t)x + c(t)x^2 \tag{2.25}$$

は 1 階非線形微分方程式である．ただし，係数の a, b, c は連続関数とする．この方程式を解く一般的方法はない．このため，何らかの方法で 1 つの解 x_0 が得られたとき，別な解を求める解法を述べる．まず，x_0 は解であるから $x_0' = a(t) + b(t)x_0 + c(t)x_0^2$ が成り立つ．新たな解を $x(t) = x_0(t) + \dfrac{1}{u(t)}$ とおき，これを式 (2.25) に代入すると，

$$u' = -\{b(t) + 2c(t)x_0(t)\}u - c(t)$$

を得る．これは，1 階非斉次線形方程式であり，2.1 節の定数変化法によって解ける．

また，$x(t) = x_0(t) + u(t)$ を式 (2.25) に代入すると，

$$u' = \{b(t) + 2c(t)x_0(t)\}u + c(t)u^2$$

を得る．これは，ベルヌーイの方程式であるから [1] の方法で解ける．

[3] クレロー（Clairaut）の微分方程式

微分方程式

$$y(x) = x\dfrac{dy}{dx} + f\left(\dfrac{dy}{dx}\right) \tag{2.26}$$

を考える．ただし，f は微分可能であるとする．式 (2.26) を微分すると，

$$y''\{x + f'(y')\} = 0 \quad \left(y' = \frac{dy}{dx}\right)$$

となる．よって，$y'' = 0$ あるいは $x + f'(y') = 0$ である．

$y'' = 0$ ならば，積分して A を定数とすると

$$y' = A$$

である．これを式 (2.26) に代入すると，次の一般解を得る：

$$y = Ax + f(A). \tag{2.27}$$

$y'' \neq 0$ ならば，$y' \neq$（定数）である．よって，$y' = p$ をパラメータ（助変数）として $x + f'(y') = 0$ および式 (2.26) に代入すると，次の解を得る：

$$\begin{cases} x = -f'(p), \\ y = -pf'(p) + f(p). \end{cases} \tag{P}$$

この 2 つの式から p を消去することができれば，解 y の具体的関数形が得られる．

式 (P) を XY 平面の曲線と考え，点 $(x, y) = (-f'(p), -pf'(p) + f(p))$ における接線の傾きは $\dfrac{dy}{dx} = p$ であり，接線の方程式は $Y = pX + f(p)$ である．すなわち，解 (P) は一般解 (2.27) の接線の集まりであるが，A をどのように選んでも式 (P) は (2.27) とは異なるため，このときの解 (P) を**特異解** (singular solution) という．

例 2.10

微分方程式 $y = xy' + 2\sqrt{-y'}$（$y' < 0$）を解いてみよう．

微分すると $y''\{x - (-y')^{-1/2}\} = 0$ である．

$y'' = 0$ のとき，一般解 $y = Ax + 2\sqrt{-A}$ を得る．

$y'' \neq 0$ のとき，$x = (-p)^{-1/2}$，$y = (-p)^{1/2}$ から，特異解 $xy = 1$（$x, y > 0$）を得る（図 2.3 を参照）．◆

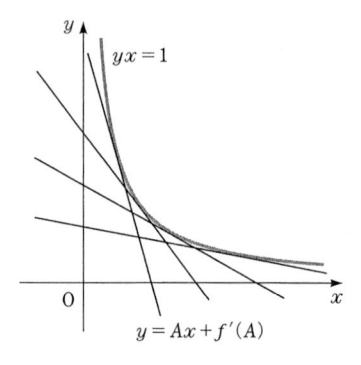

図 2.3 一般解 $y = Ax + f'(A)$ の集合は直線群を表し，特異解 $y = 1/x$ は各直線に接する曲線である．この曲線を包絡線という．

例題 2.7

飛行機の運動方程式は，$x(t), a$ をそれぞれ飛行機の速度とエンジンによる一定な加速度と，大気の抵抗が速度の 2 乗に比例して働くことから，

$$x' = a - cx^2 \tag{2.28}$$

である．この方程式はリッカチ形である．1 つの解は $x_0 = \sqrt{\dfrac{a}{c}}$ であることをもとにして，別な解を求めよ．

【解】 (i) $x(t) = \sqrt{\dfrac{a}{c}} + \dfrac{1}{u(t)}$ を式 (2.28) に代入して，$x'_0 = 0$ より，次の非斉次線形常微分方程式を得る：

$$u' = 2\sqrt{ac}\,u + c. \tag{2.29}$$

斉次式 $u' = 2\sqrt{ac}\,u$ は変数分離形で，解は $u(t) = A\,e^{2t\sqrt{ac}}$ (A は積分定数) である．次に，A を微分可能な関数 $A(t)$ として定数変化法を用いて非斉次式を解く．$u = A(t)e^{2t\sqrt{ac}}$ を微分すると，式 (2.29) から

$$u' = 2\sqrt{ac}\,A(t)e^{2t\sqrt{ac}} + A'(t)e^{2t\sqrt{ac}} = 2\sqrt{ac}\,u + c$$

である．ゆえに，$A'(t)e^{2t\sqrt{ac}} = c$ より $A'(t) = c\,e^{-2t\sqrt{ac}}$ を得る．これを積分することによ

り，$u(t) = A_0 - \frac{1}{2}\sqrt{\frac{c}{a}}\, e^{-2t\sqrt{ac}}$ (A_0 は積分定数). よって，解は次のようになる：

$$x(t) = \sqrt{\frac{a}{c}} + \frac{1}{A_0 - \frac{1}{2}\sqrt{\frac{c}{a}}\, e^{-2t\sqrt{ac}}}\ .$$

(ii) $x(t) = \sqrt{\frac{a}{c}} + u(t)$ とおいて解いても，等しい解を得る． ◆

問題 2.6 次のベルヌーイ，およびクレローの微分方程式を解け．
 (1) $x' = x + \dfrac{e^t}{x}$ ($x \neq 0$) (2) $x' = \dfrac{-t}{2}x + tx^3$
 (3) $x = tx' - \log x'$ ($t \neq 0,\ x'(t) > 0$)
 (4) $x = tx' - \dfrac{(x')^3}{3}$ ($t > 0$)

問題 2.7 次のリカッチの微分方程式は，関数 $x_0 = \dfrac{1}{t}$ を 1 つの解にもつことを示せ．さらに，別な解も求めよ．
 (1) $x' = \dfrac{-2}{t^2} + x^2$ (2) $x' = \dfrac{-2}{t}x + x^2$

問題 2.8 関数 a, b は連続微分可能な関数で $a(t) \neq 0$ とする．このとき，$x(t) = \dfrac{b(t)}{a(t)}$ は，次の 2 種類のリカッチの微分方程式

$$x' = \frac{b'(t)}{a(t)} - \frac{a'(t) + b(t)}{a(t)}x + x^2, \quad x' = \frac{b'(t)}{a(t)} + \frac{-a'(t) + b(t)}{a(t)}x - x^2$$

の 1 つの解であることを示せ．

第 3 章　2階線形常微分方程式

電気・機械振動や物体の運動方程式などを記述する2階非斉次線形常微分方程式

$$x'' + a_1(t)\, x' + a_2(t)\, x = f(t) \tag{3.1}$$

の解法を述べる．開区間 $I = (c, d) \subset \mathbf{R}$ として，a_1, a_2 は I 上で連続な関数である．

非斉次式 (3.1) において，$f(t) \equiv 0$（恒等的に 0）とする斉次式

$$x'' + a_1(t)\, x' + a_2(t)\, x = 0 \tag{3.2}$$

は2個の1次独立な解をもつ．式 (3.2) の解集合（斉次式 (3.2) をみたすすべての関数の集合）は2次元ベクトル空間であり，その元（要素）は一般解と呼ばれる．非斉次方程式 (3.1) のすべての解は，斉次式の一般解と式 (3.1) の特殊解の和で表現される．

3.1　解の2次元ベクトル空間とロンスキアン

3.1.1　解の2次元ベクトル空間

区間 I 上で定義される実数値関数 $a_j\,(j = 1, 2)$ は連続で，次の2階斉次線形常微分方程式

$$x'' + a_1(t)\, x' + a_2(t)\, x = 0 \tag{3.3}$$

の解の集合を V_2 で表す．このとき，$V_2 = \{x : \text{式 (3.3) をみたす関数}\}$ は2次元ベクトル空間をなすことを示す．この事実は，2階斉次線形常微分方程式に関する任意の解は，2つの1次独立な解 x_1, x_2（x_2 は x_1 の実数倍とはならない）の1次結合 $kx_1 + \ell x_2$（k, ℓ は実数）で表されることを意味する．

まず，2次元ベクトル空間をなす集合 $\mathbf{R}^2 = \{(x_1, x_2)^T : x_j \in \mathbf{R}, j = 1, 2\}$ の場合を考える．ただし，T はベクトルの転置を表す．

$$\boldsymbol{x} = (x_1, x_2)^T, \qquad \boldsymbol{y} = (y_1, y_2)^T \in \mathbf{R}^2$$

に対し，

$$\boldsymbol{x} + \boldsymbol{y} = (x_1 + y_1, x_2 + y_2)^T \in \mathbf{R}^2$$

を**和**という．スカラーの集合（$\mathbf{R}$ または複素数の集合 $\mathbf{C}$）を K で表す．$K = \mathbf{R}$ として，$k \in K$ と $\boldsymbol{x} \in \mathbf{R}^2$ に対して，

$$k\boldsymbol{x} = (kx_1, kx_2)^T \in \mathbf{R}^2$$

を**スカラー倍**という．

この和とスカラー倍に関して，$\mathbf{R}^2$ は K 上のベクトル空間（線形空間）をなす．すなわち，和とスカラー倍について，交換法則，結合法則，分配法則が成り立ち，零元や単位元が存在する．

任意の2次元ベクトルは，スカラー倍とベクトルの和によって表現される．集合 $\mathbf{R}^2$ は K 上のベクトル空間として，$\boldsymbol{x}, \boldsymbol{y} \in \mathbf{R}^2$ と $k, \ell \in K$ に対して，**1次結合**（**線形結合**）$k\boldsymbol{x} + \ell\boldsymbol{y}$ も $\mathbf{R}^2$ のベクトルである．$\boldsymbol{x}, \boldsymbol{y} \in \mathbf{R}^2$ が**1次独立**（**線形独立**）(linearly independent) であるとは，$\boldsymbol{0}$ を零ベクトルとして，

「等式 $k\boldsymbol{x} + \ell\boldsymbol{y} = \boldsymbol{0}$ ならば，$k = \ell = 0$ が成り立つ」

ことをいう．すなわち，1次独立なベクトル $\boldsymbol{x}, \boldsymbol{y}$ の1次結合が $\boldsymbol{0}$ であるのは，$k = \ell = 0$ のときに限ることをいう．また，$\boldsymbol{x}, \boldsymbol{y} \in \mathbf{R}^2$ が1次独立でないとき，**1次従属**（**線形従属**）(linearly dependent) であるという．零ベクトル $\boldsymbol{0}$ は，常に1次従属である．

ベクトル空間 $\mathbf{R}^2$ において，集合 $M \subset \mathbf{R}^2$ が**基底**(basis) であるとは，
(1) M は1次独立なベクトルの集合
(2) $\mathbf{R}^2$ の任意のベクトルは，M のベクトルに関する一意的な1次結合

であることをいう．基底を構成するベクトルの数を線形空間の**次元**（dimension）という．

例えば，$\mathbf{R}^2$ の基底には次のようなものがある：

$$M_1 = \{e_1 = (1,0)^T, \ e_2 = (0,1)^T\},$$
$$M_2 = \{x_1 = (1,0)^T, \ x_2 = (1,1)^T\}.$$

特に，上記の M_1 は $\mathbf{R}^2$ の**標準基底**と呼ばれる．また，ベクトル空間の次元は記号 dim を用いて表す．例えば，ベクトル空間 $\mathbf{R}^2$ の次元は 2 であるから $\dim \mathbf{R}^2 = 2$ と書く．

区間 $I \subset \mathbf{R}$ 上で定義される**実数値連続関数全体**を $C(I)$ で表し，すべて関数が n 回連続微分可能なとき，$C^n(I)$ で表すことにする．また，誤解を生じない場合，$C(I)$ は I 上で定義されるベクトル値連続関数の全体を表すこともある．

例 3.1（連続関数の空間）

実数値連続関数 $f, g \in C(I)$ と実数 $k \in \mathbf{R}$ に対し，和とスカラー倍をそれぞれ，

$$(f+g)(t) = f(t) + g(t), \qquad (kf)(t) = kf(t)$$

とおくとき，$C(I)$ は $\mathbf{R}$ 上のベクトル空間になっている．また，$n+1$ 個の多項式からなる集合

$$P_n = \{f_j(t) = t^j : j = 0, 1, \cdots, n\}, \qquad f_0(t) \equiv 1$$

は，$C(I)$ の部分集合であり，1 次独立である（例題 3.2）．　◆

2 階斉次線形常微分方程式 (3.3) の解全体の集合 V_2 は $C(I)$ の部分集合であり，またベクトル空間である．その事実を確かめよう．

係数関数は $a_j \in C(I)$（$j = 1, 2$；連続）であるから，式 (3.3) の解 x は 2 回連続微分可能な関数となる．したがって，この解 x は $x \in C^2(I)$ と表される．式 (3.3)

3.1 解の2次元ベクトル空間とロンスキアン

の解を $x_j = x_j(t)$ $(j=1,2)$ とすると,$x_j'' + a_1(t)x_j' + a_2(t)x_j = 0$ である.また1次結合 $z = kx_1 + \ell x_2$ に関し,

$$\begin{aligned}&z'' + a_1(t)z' + a_2(t)z \\&= (kx_1 + \ell x_2)'' + a_1(t)(kx_1 + \ell x_2)' + a_2(t)(kx_1 + \ell x_2) \\&= k\{x_1'' + a_1(t)x_1' + a_2(t)x_1\} + \ell\{x_2'' + a_1(t)x_2' + a_2(t)x_2\} \\&= 0\end{aligned}$$

が成り立つ.ゆえに,「$x_1, x_2 \in V_2$ ならば,その1次結合も $kx_1 + \ell x_2 \in V_2$ である」から,V_2 は $C(I)$ の**部分空間**(subspace)であるという.

$x_1, x_2 \in V_2$ として,時刻 $t = 0$ における初期条件

$$(x_1(0), x_1'(0))^T = (1, 0)^T, \quad (x_2(0), x_2'(0))^T = (0, 1)^T$$

をみたすものとする.解 x_1, x_2 は1次独立であることを示すために,$k, \ell \in \mathbf{R}$ に関する1次結合 $kx_1 + \ell x_2 \in C^2(I)$ を 0 とおく:

$$k\,x_1(t) + \ell\,x_2(t) \equiv 0 \qquad (t \in I). \tag{3.4}$$

左辺の式は恒等的に 0 であることを意味する.式 (3.4) と (3.4) を微分した等式に,それぞれ $t = 0$ を代入して得られる式を連立させると

$$\begin{pmatrix} kx_1(0) + \ell x_2(0) \\ kx_1'(0) + \ell x_2'(0) \end{pmatrix} = \begin{pmatrix} k \\ \ell \end{pmatrix} = \begin{pmatrix} 0 \\ 0 \end{pmatrix}$$

を得る.$k = \ell = 0$ より,x_1, x_2 は斉次式 (3.3) の1次独立な解である.以上より,式 (3.3) の解の集合 V_2 はベクトル空間をなし,少なくともその次元は 2 以上である:$\dim V_2 \geq 2$. 実際には,$\dim V_2 = 2$ である(定理 4.1,定理 5.3 を参照).

定理 3.1 2階線形常微分方程式 (3.3) の解集合(解の集合)を

$$V_2 = \{x \in C^2(I) : x'' + a_1(t)x' + a_2(t)x = 0\} \tag{3.5}$$

とする.ただし $a_1, a_2 \in C(I)$. このとき,V_2 は2次元ベクトル空間をなす.

上記の定理より，2階線形方程式 (3.3) のすべての解 x_0 は，基底 x_1, x_2 の1次結合

$$x_0 = Ax_1 + Bx_2 \quad (A, B \text{ は任意定数})$$

で表現される．このような解 x_0 を式 (3.3) の**一般解**（general solution）という．

3.1.2 ロンスキアン

開区間 $I = (c, d)$ ($c < d$) 上で定義される1回微分可能な実数値関数 $x_j \in C^1(I)$ ($j = 1, 2$) を考える．このとき，x_1, x_2 に関する**ロンスキアン**（**ロンスキー行列式**）とは，次の行列式

$$W[x_1, x_2](t) = \det \begin{pmatrix} x_1(t) & x_2(t) \\ x_1'(t) & x_2'(t) \end{pmatrix} = x_1(t) x_2'(t) - x_2(t) x_1'(t) \tag{3.6}$$

をいう．今後，ロンスキアンを単に $W(t)$ とも表す．

ロンスキアンの値により2階斉次線形微分方程式 (3.3) の解 $x_1, x_2 \in C^2(I)$ の1次独立性が，次のように判定できる（例題3.3参照）．

定理 3.2 2階斉次線形微分方程式 (3.3) の解 $x_1, x_2 \in C^2(I)$ のロンスキアンを $W(t) = W[x_1, x_2](t)$ とおくとき，次の等式 (i) と判定法 (ii) が成立する：

(i) $W(t) = W(t_0) e^{-\int_{t_0}^{t} a_1(s) ds}$ ($t_0, t \in I$; **リュウビル**（Liouville）**の公式**)

(ii) 次のように判定できる．

(1) ある $t_0 \in I$ において $W(t_0) \neq 0 \iff x_1, x_2$ は1次独立

(2) ある $t_0 \in I$ において $W(t_0) = 0 \iff x_1, x_2$ は1次従属

【考察】(i) $W'(t) = \dfrac{d}{dt}(x_1 x_2' - x_1' x_2) = x_1 x_2'' - x_1'' x_2$

である．また，$x_j'' = -a_1(t) x_j' - a_2(t) x_j$ ($j = 1, 2$) より，

$$W' = x_1(-a_1 x_2' - a_2 x_2) - (-a_1 x_1' - a_2 x_1) x_2 = -a_1 W$$

である．これは変数分離形であるから，$\dfrac{dW}{W} = -a_1(t) \, dt$ を区間 $[t_0, t]$ で積分すれば

$$\log \left| \frac{W(t)}{W(t_0)} \right| = -\int_{t_0}^{t} a_1(s)\,ds. \tag{W}$$

したがって，

$$W(t) = W(t_0)\, e^{-\int_{t_0}^{t} a_1(s)ds}.$$

ここで，式(W)より $W(t) = \pm W(t_0)\, e^{-\int_{t_0}^{t} a_1(s)\,ds}$ であるが，$t = t_0$ のとき $W(t_0) = \pm W(t_0)$ より，正の符号の表現が適していると考える．

(ii) 例題3.3を参照． ◆

上記の定理から，基本解が次のように定義される．

2階斉次線形微分方程式(3.3)の解 $x_1, x_2 \in C^2(I)$ が，1次独立であるとき，微分方程式(3.3)の**基本解**という．

例 3.2

斉次線形微分方程式 $x'' = -x$ の解は，

$$x_1(t) = \cos t, \quad x_2(t) = \sin t, \quad x_3(t) = A \sin t \quad (A は実数)$$

などの関数で与えられる．実際，$x_j'' = -x_j$ $(j = 1, 2, 3)$ が成立するから，それらは解である．このとき，次の関係 (1) − (3) が成り立つ：

(1) $W[x_1, x_2](t) = \det \begin{pmatrix} \cos t & \sin t \\ -\sin t & \cos t \end{pmatrix} = 1$ より，x_1, x_2 は基本解である．

(2) $W[x_2, x_3](t) = \det \begin{pmatrix} \sin t & A\sin t \\ \cos t & A\cos t \end{pmatrix} = A\sin t \cos t - A\sin t \cos t = 0$ より，

  x_2, x_3 は1次従属であり，基本解でない．

(3) $W[x_3, x_1](t) = \det \begin{pmatrix} A\sin t & \cos t \\ A\cos t & -\sin t \end{pmatrix} = -A\sin^2 t - A\cos^2 t = -A$ より，

  $A = 0$ のとき，x_3, x_1 は1次従属であり，$A \neq 0$ のとき，x_3, x_1 は基本解である．

◆

例題 3.1

（1） ベクトル $x, y \in \mathbf{R}^2$ は1次独立とする．$z \in \mathbf{R}^2$ が，実数 k, ℓ を用いて $z = kx + \ell y$ と表されているとき，その表現は一意的であることを示せ．

（2） ベクトル $x, y \in \mathbf{R}^2$ が1次従属の場合，x, y は平行（一方が他方のスカラー倍）であることを示せ．また，x, y が1次独立の場合，x, y は平行ではないことを示せ．

【考察】 （1） もし，実数 k_1, ℓ_1 を用いて $z = k_1 x + \ell_1 y$ とも表されているとする．このとき，$(k - k_1)x = (\ell_1 - \ell)y$ となる．x, y が1次独立であるから，$k = k_1, \ell = \ell_1$ となる．よって，z の1次結合の表現は一意的である．

（2） x, y が1次従属のとき，$kx + \ell y = 0$ の場合には，$k \neq 0$ または $\ell \neq 0$ である．よって，$x = -\left(\dfrac{\ell}{k}\right) y$ または $y = -\left(\dfrac{k}{\ell}\right) x$ と表すことができるから，ベクトル x, y は平行である．また，x, y が1次独立ならば，$x = cy$ となる実数 c は存在しない．したがって，x, y は平行ではない． ◆

例題 3.2

正の整数 $n = 1, 2, \cdots$ に対して，集合

$$P_n = \{f_j(t) = t^j \in C(\mathbf{R}) : j = 0, 1, \cdots, n\} \quad (\text{ただし } f_0(t) \equiv 1)$$

は1次独立であること，すなわち，

$$\sum_{j=0}^{n} c_j f_j(t) = c_0 + c_1 t + \cdots + c_n t^n \equiv 0 \quad (t \in \mathbf{R}) \tag{3.7}$$

のとき，$c_0 = c_1 = \cdots = c_n = 0$ が成り立つことを示せ．

【考察】 式(3.7)のもとで $c_n \neq 0$ と仮定したとき，不合理が生ずることを示す．この仮定より，

$$t^n = -\dfrac{c_0 + c_1 t + c_2 t^2 + \cdots + c_{n-1} t^{n-1}}{c_n}$$

である．$t=0$ とおくと，$c_0=0$ を得る．したがって，$t^n = -\dfrac{c_1 t + c_2 t^2 + \cdots + c_{n-1} t^{n-1}}{c_n}$
から

$$t^{n-1} = -\frac{c_1 + c_2 t + \cdots + c_{n-1} t^{n-2}}{c_n}$$

となる．$t=0$ とおいて同様に繰り返すと，

$$c_1 = c_2 = \cdots = c_{n-1} = 0$$

を得る．ゆえに，$c_n t^n \equiv 0\ (t \in \mathbf{R})$，すなわち，$t^n = 0\ (t \in \mathbf{R})$ となってしまう．これは不合理であるから，$c_n = 0$ のはずである．以下同様にして

$$c_{n-1} = c_{n-2} = \cdots = c_1 = c_0 = 0$$

が示される．よって，$P_n \subset C(\mathbf{R})$ は１次独立である． ◆

この例題から，<u>多項式 $t^n\ (n = 0, 1, \cdots)$ において，その次数が異なれば１次独立</u>である．

例題 3.3

定理 3.2 (ii) が成り立つことを示せ．

【考察】 判定するために，$k, \ell \in \mathbf{R}$ による１次結合 $z = k x_1 + \ell x_2$ が恒等的に 0，すなわち $z(t) = k x_1(t) + \ell x_2(t) \equiv 0\ (t \in I)$ とおくとき，次のように (i) − (ii) が成り立つことを示せばよい：

(i) $k = \ell = 0$ だけが成立するならば，x_1, x_2 は１次独立

(ii) $k \neq 0$ または $\ell \neq 0$ であれば，x_1, x_2 は１次従属

$z(t) = 0$ と，これを微分した $z'(t) = 0$ を次のように連立させる：

$$\begin{pmatrix} x_1(t) & x_2(t) \\ x_1'(t) & x_2'(t) \end{pmatrix} \begin{pmatrix} k \\ \ell \end{pmatrix} = \begin{pmatrix} 0 \\ 0 \end{pmatrix}.$$

このとき，次のいずれか一方が成り立つ：

(i) $(k, \ell)^T = (0, 0)^T$ だけが上記の連立方程式をみたす

(ii) $(k, \ell)^T \neq (0, 0)^T$ の場合も連立方程式をみたす

前者 (i) の場合を考える.

$k = \ell = 0 \Leftrightarrow$ 任意の $t \in I$ に関し $\begin{pmatrix} x_1(t) & x_2(t) \\ x_1'(t) & x_2'(t) \end{pmatrix}$ の逆行列が存在

$\Leftrightarrow$ 任意の $t \in I$ に関し行列式 $W(t) = x_1(t)x_2'(t) - x_2(t)x_1'(t) \neq 0$

$\Leftrightarrow$ ある $t_0 \in I$ に関し $W(t_0) \neq 0$ (リュウビルの公式).

後者 (ii) の場合を考える.

$k \neq 0$ または $\ell \neq 0 \Leftrightarrow x_1(t) = -\dfrac{\ell}{k}x_2(t)$ または $x_2(t) = -\dfrac{k}{\ell}x_1(t)$ $(t \in I)$

$\Leftrightarrow$ 任意の $t \in I$ に関し $x_1(t)x_2'(t) - x_2(t)x_1'(t) = 0 = W(t)$

$\Leftrightarrow$ ある $t_0 \in I$ に関し $W(t_0) = 0$ (リュウビルの公式). ◆

例題 3.4

斉次線形微分方程式

$$x'' - (\alpha_1 + \alpha_2)x' + \alpha_1\alpha_2 x = 0 \qquad (\alpha_1 \neq \alpha_2)$$

に関して, 関数 $x_j(t) = e^{\alpha_j t}$ $(j = 1, 2)$ は基本解であることを示せ.

【考察】 関数 $x_j(t) = e^{\alpha_j t}$ $(j = 1, 2)$ を微分すると

$$x_j'(t) = \alpha_j e^{\alpha_j t}, \qquad x_j''(t) = \alpha_j^2 e^{\alpha_j t}$$

より,

$$x_j'' - (\alpha_1 + \alpha_2)x_j' + \alpha_1\alpha_2 x_j = 0 \qquad (j = 1, 2)$$

である. ゆえに, x_1, x_2 は解である. また, ロンスキアン $W(t) = W[x_1, x_2](t)$ は

$$W(t) = \det \begin{pmatrix} e^{\alpha_1 t} & e^{\alpha_2 t} \\ \alpha_1 e^{\alpha_1 t} & \alpha_2 e^{\alpha_2 t} \end{pmatrix} = (\alpha_2 - \alpha_1)e^{t(\alpha_1 + \alpha_2)} \neq 0$$

であるから, x_1, x_2 は 1 次独立である. したがって, x_1, x_2 は基本解である. ◆

3.2 定係数斉次微分方程式と演算子法

実数の定係数をもつ（1階または）2階斉次線形常微分方程式

$$a_0 x'' + a_1 x' + a_2 x = 0 \quad (a_0, a_1, a_2 \text{ は実定数}) \tag{3.8}$$

において，微分の操作を形式的な文字変数とみなし，代数方程式の解法を用いながら，解を求める方法を述べる．1階については $a_0 = 0$ とした場合を考えればよい．この節における解法のアイデアは，3階以上の同様な線形常微分方程式や連立線形微分方程式の解法に関しても応用される．

3.2.1 微分演算子

形式的に微分の操作を $\dfrac{d}{dt} = {'} = D$ と書き，

$$Dx = \frac{dx}{dt} = x', \quad D^2 x = D(Dx) = \frac{d^2 x}{dt^2} = x''$$

とおくと，式 (3.8) は，

$$a_0 D^2 x + a_1 D x + a_2 x = 0 \tag{3.9}$$

となる．ここで，$D, x, a_j \, (j = 0, 1, 2)$ を同等な文字変数とみなすと，式 (3.8) は

$$(a_0 D^2 + a_1 D + a_1) x = P(D) x = 0 \tag{3.10}$$

に帰着される．ここに，$P(D) = \sum_{j=0}^{2} a_j D^{2-j} = a_0 D^2 + a_1 D + a_2$ である．ただし，$D^0 = 1$ とする．$P(D)$ を**微分演算子**という．また，$P(D)$ における微分操作 D の代わりに，数 λ を書き入れた次の方程式

$$P(\lambda) = \sum_{j=0}^{2} a_j \lambda^{2-j} = a_0 \lambda^2 + a_1 \lambda + a_2 = 0 \tag{3.11}$$

を式 (3.8) の**特性方程式**といい，$P(\lambda)$ を**特性多項式**といい，微分方程式の解法において重要となる．λ は2次方程式の解になるから，一般には複素数である．

必要な回数だけ微分可能な関数 x と 2 つの微分演算子 $P(D), Q(D)$ に対し，和 $P(D) + Q(D)$ と積 $P(D)Q(D)$ を次のように定義する：

$$[P(D)+Q(D)]x = P(D)x + Q(D)x, \qquad [P(D)Q(D)]x = P(D)[Q(D)x].$$

このとき，十分微分可能な関数 x と微分演算子 $P = P(D)$, $Q = Q(D)$, $R = R(D)$ に関して次の性質（1）結合律，（2）可換律，（3）分配律 が成り立つ：

(1) $[(P+Q)+R]x = [P+(Q+R)]x, \qquad [(PQ)R]x = [P(QR)]x$

(2) $(P+Q)x = (Q+P)x, \qquad (PQ)x = (QP)x$

(3) $[P(Q+R)]x = (PQ)x + (PR)x$

演算子法では実数の除法に対応するような割算 $\dfrac{1}{D}$ は考えにくい．しかし，D の逆演算を以下のように定義し，$\dfrac{1}{D}$ で表すことにする．

1 階非斉次線形微分方程式 $x' = f(t)$ は $Dx = f(t)$ と表される．これを積分すると，解は $x(t) = \displaystyle\int^t f(s)\,ds + c$（$c$ は定数）である．そこで，形式的に $\dfrac{1}{D}$ と不定積分とを次のように対応させる：

$$x(t) = \frac{1}{D}f = \int^t f(s)\,ds + c. \tag{3.12}$$

特に，1 階斉次線形微分方程式 $x' = 0$ の解は，$x(t) = \dfrac{1}{D}0 = \displaystyle\int^t 0\,dt = c$（積分定数）である．

2 階線形微分方程式は式 (3.10) のように，未知関数に微分演算子を掛ける形で表現される．式 (3.12) が意味するように，微分された未知関数を積分することによって未知関数を見出すことが，具体解を求めることである．すなわち，未知関数に掛けた演算子で割ることによって具体解が得られる．上で述べたように，未知関数 x に $\dfrac{1}{D}$ を作用させた $\dfrac{1}{D}x$ は，「関数 x に対して，不定積分を行うことである」というように計算が可能である．では，$\dfrac{1}{D-\alpha}$ のように分母に定数項が含まれる形で与えられる逆演算はどうすればよいか．定係数線形微分方程式に関する演算子法では式 (3.16) が中心的な役割を果たす．「$D - \alpha$ による式 (3.16) の左辺の

3.2 定係数斉次微分方程式と演算子法

形」で与えられる場合，この公式により「D による式 (3.16) の右辺の形」として得られる．これを含めた，公式 3.1–3.4 を用いると，定係数微分方程式の解法は容易になる．1 つ 1 つの公式を見るだけではその重要性は実感できないが，定係数微分方程式に関する例や例題の解答を通してその重要性が理解されよう．

次の公式は微分方程式 $P(D)x=0$ の解を求めるうえで重要である．

公式 3.1 虚数単位を i で表す ($i=\sqrt{-1}$)．任意の複素数 $\lambda=a+ib\,(a,b\in\mathbf{R})$，および微分演算子 $P(D)$ と特性多項式 $P(\lambda)$ に対し，次式が成立する：

$$P(D)\,e^{\lambda t} = P(\lambda)\,e^{\lambda t}. \tag{3.13}$$

【考察】 複素数を指数部分にもつ指数関数 $e^{\lambda t}$ の微分は，実数のときと同様に $D^j e^{\lambda t} = \dfrac{d^j}{dt^j}e^{\lambda t} = \lambda^j e^{\lambda t}\,(j=0,1,2)$ であるから，$P(D)=a_0D^2+a_1D+a_2$ とするとき，

$$P(D)e^{\lambda t}=\sum_{j=0}^{2}a_j\frac{d^{2-j}}{dt^{2-j}}\,e^{\lambda t}=\sum_{j=0}^{2}a_j\lambda^{2-j}e^{\lambda t}=(a_0\lambda^2+a_1\lambda+a_2)e^{\lambda t}=P(\lambda)e^{\lambda t}.\;\blacklozenge$$

例 3.3

上の公式から，微分演算子 $P(D)$ が関数 $e^{\lambda t}$ に作用して得られる方程式

$$P(D)e^{\lambda t}=0$$

が成立することと，特性方程式 $P(\lambda)=0$ が成り立つことは必要十分である．なぜならば，2 階斉次線形常微分方程式 $P(D)x=0$ が，解 $x(t)=e^{\lambda t}$ をもつ

$\iff P(D)e^{\lambda t}=0$　　（複素数 $\lambda=a+ib$ とおく．$a,b\in\mathbf{R}$）

$\iff P(\lambda)=0$　　（実際，式 (3.13) と $e^{\lambda t}=e^{at}(\cos bt+i\sin bt)\neq 0$ より）．　$\blacklozenge$

上の例より，2 階斉次微分方程式 $P(D)x=0$ の解は，特性方程式 $P(\lambda)=0$ を解いて得られた λ を指数にもつ関数 $e^{\lambda t}$ として与えられることがわかる．2 次多項式 $P(\lambda)$ は，代数学の基本定理より次のように因数分解できる：

$$P(\lambda)=a_0(\lambda-\alpha_1)(\lambda-\alpha_2)=a_0\prod_{j=1}^{2}(\lambda-\alpha_j). \tag{3.14}$$

今後，微分演算子 $P(D)$ も形式的に因数分解して次のように表す：

$$P(D) = a_0(D-\alpha_1)(D-\alpha_2) = a_0 \prod_{j=1}^{2}(D-\alpha_j). \tag{3.15}$$

次の公式は，線形常微分方程式に関し，斉次・非斉次式を解く場合に応用される．

公式 3.2 複素数 $\alpha \in \mathbf{C}$ に対し，次の等式が成り立つ：

$$P(D-\alpha)x = e^{\alpha t}P(D)[e^{-\alpha t}x]. \tag{3.16}$$

【考察】 $P(D)$ の形式的な因数分解を式 (3.15) であるとする．ここで $a_0 = 1$ としても差し支えない．微分の計算は

$$D(e^{-\alpha t}x) = -\alpha\, e^{-\alpha t}x + e^{-\alpha t}Dx$$

であり，$D^2(e^{-\alpha t}x) = \alpha^2\, e^{-\alpha t}x - 2\alpha\, e^{-\alpha t}Dx + e^{-\alpha t}D^2x$ から，

$$\begin{aligned}
(\text{右辺}) &= e^{\alpha t}(D-\alpha_1)(D-\alpha_2)[e^{-\alpha t}x] \\
&= e^{\alpha t}[D^2(e^{-\alpha t}x) - (\alpha_1+\alpha_2)D(e^{-\alpha t}x) + \alpha_1\alpha_2 e^{-\alpha t}x] \\
&= e^{\alpha t}[\alpha^2 x - 2\alpha Dx + D^2 x - (\alpha_1+\alpha_2)(-\alpha x + Dx) + \alpha_1\alpha_2 x] \\
&= \{D^2 - (\alpha_1+\alpha_2+2\alpha)D + (\alpha_1+\alpha)(\alpha_2+\alpha)\}x \\
&= \{(D-\alpha)-\alpha_1\}\{(D-\alpha)-\alpha_2\}x \\
&= (\text{左辺})
\end{aligned}$$

である．よって，式 (3.16) が成立する．◆

3.2.2 斉次式の解法

定係数 2 階斉次線形微分方程式

$$x'' + ax' + bx = 0 \quad (a, b \text{ は実定数}) \tag{3.17}$$

の解を求めよう．その特性方程式は

$$\lambda^2 + a\lambda + b = 0. \tag{3.18}$$

判別式 $d = a^2 - 4b$ の符号より，特性方程式の解は次のように 3 通りある．

(ⅰ) $d > 0$ のとき，式 (3.18) は相異なる次の 2 つの実数解をもつ：

$$\frac{-a \pm \sqrt{d}}{2}.$$

(ⅱ) $d = 0$ のとき，式 (3.18) は実数の重解 $-\dfrac{a}{2}$ をもつ．

(ⅲ) $d < 0$ のとき，式 (3.18) は相異なる次の 2 つの複素数解をもつ：

$$\frac{-a \pm i\sqrt{-d}}{2}.$$

以上より，2 階斉次線形微分方程式 (3.17) の解は次のように与えられる．

定理 3.3 a, b は実定数として定係数 2 階斉次線形微分方程式

$$x'' + ax' + bx = 0$$

は，次の場合 (ⅰ) − (ⅲ) のように解ける．判別式を $d = a^2 - 4b$ として，A, B は任意定数とする．

(ⅰ) $d > 0$: $x(t) = e^{-\frac{a}{2}t}(A e^{\frac{\sqrt{d}}{2}t} + B e^{-\frac{\sqrt{d}}{2}t})$

(ⅱ) $d = 0$: $x(t) = (At + B)e^{-\frac{a}{2}t}$

(ⅲ) $d < 0$: $x(t) = e^{-\frac{at}{2}}\left(A\cos\dfrac{t\sqrt{-d}}{2} + B\sin\dfrac{t\sqrt{-d}}{2}\right)$

(ⅰ), (ⅲ) については，特性方程式の解が 2 つ得られていることから，例題 3.4 によって上記の解が得られることは納得できると思う．(ⅱ) は次のように求められる．$d = 0$ のとき，重解は $-\dfrac{a}{2}$ である．重解を α とおけば微分方程式は

$$P(D)x = (D - \alpha)^2 x = 0$$

であり，公式 (3.16) から $e^{\alpha t}D^2(e^{-\alpha t}x) = 0$ を得る．$e^{\alpha t} \neq 0$ であるから，$\dfrac{d^2}{dt^2}(e^{-\alpha t}x) = 0$ を得る．これを 2 回積分して，微分方程式の解は次のように得られる：

$$x(t) = (At + B)e^{\alpha t} = (At + B)e^{-\frac{a}{2}t} \quad (A, B \text{ は積分定数}).$$

(iii) においては，オイラーの公式 $e^{i\theta} = \cos\theta + i\sin\theta$ (θ は実数) を用いると，解は

$$x(t) = A_1 e^{-\frac{a}{2}t}\left(\cos\frac{\sqrt{-d}}{2}t + i\sin\frac{\sqrt{-d}}{2}t\right) + B_1 e^{-\frac{a}{2}t}\left(\cos\frac{\sqrt{-d}}{2}t - i\sin\frac{\sqrt{-d}}{2}t\right)$$

$$= e^{-\frac{a}{2}t}\left(A\cos\frac{\sqrt{-d}}{2}t + B\sin\frac{\sqrt{-d}}{2}t\right)$$

となる (ここで，A_1, B_1, A, B は定数で，$A = A_1 + B_1$, $B = i(A_1 - B_1)$).

例 3.4

定係数斉次線形微分方程式 $x'' + 3x' + 2x = 0$ を解いてみよう．

特性方程式は $\lambda^2 + 3\lambda + 2 = (\lambda + 2)(\lambda + 1) = 0$ であるから，その解は $\lambda = -2, -1$ である．ゆえに，微分方程式の解は次のように得られる：

$$x(t) = Ae^{-2t} + Be^{-t} \quad (A, B \text{ は定数}). \quad \blacklozenge$$

例 3.5

定係数斉次線形微分方程式 $x'' + 2x' + x = 0$ を解いてみよう．

特性方程式は $\lambda^2 + 2\lambda + 1 = (\lambda + 1)^2 = 0$ であるから，その解は重解 $\lambda = -1$ である．ゆえに，微分方程式の解は次のように得られる：

$$x(t) = e^{-t}(At + B) \quad (A, B \text{ は定数}). \quad \blacklozenge$$

例 3.6

定係数斉次線形微分方程式 $x'' + x' + x = 0$ を解いてみよう．

特性方程式は $\lambda^2 + \lambda + 1 = 0$ であるから，その解は $\lambda = \dfrac{-1 \pm i\sqrt{3}}{2}$ である．ゆえに，微分方程式の解は次のように得られる：

$$x(t) = e^{-\frac{t}{2}}\left(A\cos\frac{t\sqrt{3}}{2} + B\sin\frac{t\sqrt{3}}{2}\right) \quad (A, B \text{ は定数}). \quad \blacklozenge$$

一般に変数変換を行うときは 1 対 1 対応がみたされているかどうかについて注意は欠かせない．しかし，微分方程式の初期値問題などで解の一意性が保証され

3.2 定係数斉次微分方程式と演算子法

ている場合は，その必要性はない．2.1節で述べたように，リプシッツ条件がみたされていて，微分方程式の問題において解がただ1つしか存在しないときは，何らかの方法で微分方程式の解を求めればよいのである．微分方程式の解の一意性のもとでは，必ずしも厳密な推論に従って解法を適用する必要はない．ともかく，計算可能な形で変数変換を行ったうえで関数を求め，得られた関数が微分方程式をみたせば，解が求められたといえる．次の例題3.5では，$t \neq 0$のとき2階斉次線形微分方程式であるから，その初期値問題の解は一意的に存在する．$t > 0$なら$t = e^s$，$t < 0$なら$t = -e^s$として変換すればよい．一意性のもとでは，**検算**（得られた関数が微分方程式や初期条件などをみたすかどうか）をすればよいのである．

例題 3.5

a, bを定数とする次の変係数の非斉次線形微分方程式は**オイラーの微分方程式**と呼ばれるものである：

$$t^2 x'' + at x' + bx = 0 \qquad (t > 0). \tag{3.19}$$

この方程式は，変数変換$t = e^s$ ($t > 0$)を用いると定係数の斉次線形微分方程式になることを確かめ，これを解け．

【解】 $t > 0$であるから，変数変換$s = \log t$より$y(s) = x(e^s)$とおくと，$\dfrac{ds}{dt} = \dfrac{1}{t}$，$\dfrac{dx}{dt} = \dfrac{dy}{ds}\dfrac{ds}{dt} = \dfrac{dy}{ds}\dfrac{1}{t}$より

$$\frac{d^2 x}{dt^2} = \frac{d}{dt}\left(\frac{dx}{dt}\right) = \frac{d}{dt}\left(\frac{dy}{ds}\frac{1}{t}\right) = \left(\frac{d}{dt}\frac{dy}{ds}\right)\frac{1}{t} + \frac{dy}{ds}\frac{-1}{t^2} = \frac{d^2 y}{ds^2}\frac{1}{t^2} - \frac{dy}{ds}\frac{1}{t^2}$$

を得る．ゆえに，微分方程式(3.19)は次のように変換される：

$$\frac{d^2 y}{ds^2}(s) + (a-1)\frac{dy}{ds}(s) + b y(s) = 0.$$

これは定係数の斉次線形微分方程式である．

次の場合分け（ⅰ）-（ⅲ）により，解は求められる．判別式を$d = (a-1)^2 - 4b$とおくと，特性方程式$\lambda^2 + (a-1)\lambda + b = 0$の解は

$$\alpha = \frac{-a+1+\sqrt{d}}{2}, \quad \beta = \frac{-a+1-\sqrt{d}}{2}$$

である．A, B は定数とする．

(i) $d > 0$ のとき，定理 3.3 (i) から，

$$y(s) = A e^{\alpha s} + B e^{\beta s}$$

である．ゆえに，式 (3.19) の解は，次のとおりである：

$$x(t) = A t^{\alpha} + B t^{\beta}.$$

(ii) $d = 0$ のとき，$\alpha = \beta = \dfrac{-a+1}{2} = a_1$ とおける．定理 3.3 (ii) から，

$$y(s) = e^{a_1 s}(A + Bs)$$

である．ゆえに，式 (3.19) の解は，次のとおりである：

$$x(t) = t^{a_1}(A + B \log t).$$

(iii) $d < 0$ のとき，$\alpha = a_1 + i b_1$, $\beta = a_1 - i b_1 \left(a_1 = \dfrac{-a+1}{2}, b_1 = \dfrac{\sqrt{-d}}{2} \right)$ とおける．定理 3.3 (iii) から，

$$y(s) = e^{a_1 s}\{A \cos(b_1 s) + B \sin(b_1 s)\}$$

である．ゆえに，式 (3.19) の解は，次のとおりである：

$$x(t) = t^{a_1}\{A \cos(b_1 \log t) + B \sin(b_1 \log t)\}. \quad \blacklozenge$$

例題 3.6

次のオイラーの微分方程式を解け．

(1) $t^2 x'' + t x' - 4x = 0$ (2) $t^2 x'' - 3t x' + 4x = 0$
(3) $t^2 x'' - 3t x' + 5x = 0$

【解】 (1) 変数変換 $y(s) = x(e^s)$ により，方程式は $y'' - 4y = 0$ となる．このとき，特性方程式は $\lambda^2 - 4 = 0$ であるから，$\lambda = \pm 2$ を得る．ゆえに，A, B を積分定数とすると $y(s) = A e^{2s} + B e^{-2s}$ となる．したがって，求めるべき解は

$$x(t) = A t^2 + B t^{-2}.$$

（2） 変数変換 $y(s) = x(e^s)$ により，方程式は $y'' - 4y' + 4y = 0$ となる．このとき，特性方程式は $\lambda^2 - 4\lambda + 4 = 0$ であるから，重解 $\lambda = 2$ を得る．このとき，定理 3.3 (ii) から，A, B を積分定数とすると $y(s) = e^{2s}(A + Bs)$ となる．したがって，求めるべき解は
$$x(t) = t^2(A + B \log t).$$
（3） 変数変換 $y(s) = x(e^s)$ により，方程式は $y'' - 4y' + 5y = 0$ となる．このとき特性方程式は $\lambda^2 - 4\lambda + 5 = 0$ であるから，$\lambda = 2 \pm i$ を得る．このとき，A, B を積分定数とすると $y(s) = e^{2s}[A \cos s + B \sin s]$ となる．したがって，求めるべき解は
$$x(t) = t^2[A \cos(\log t) + B \sin(\log t)]. \quad \blacklozenge$$

問題 3.1 次の微分方程式を解け．

（1） $x'' - 3x' + 2x = 0$ （2） $x'' + 6x' + 9x = 0$
（3） $x'' + 2x' + 5x = 0$ （4） $x'' - 4x = 0$
（5） $x'' - 5x' + 6x = 0$ （6） $x'' - 4x' + 4x = 0$
（7） $t^2 x'' - 2tx' + 2x = 0$ （8） $t^2 x'' + 7tx' + 9x = 0$
（9） $t^2 x'' + 3tx' + 5x = 0$ （10） $t^2 x'' + tx' - 4x = 0$
（11） $t^2 x'' - 4tx' + 6x = 0$ （12） $t^2 x'' - 3tx' + 4x = 0$

3.3 定係数非斉次微分方程式と演算子法

公式 3.2 を用いる次の公式は，非斉次線形微分方程式の特殊解を求めるために極めて有用である．

公式 3.3 定数 $\alpha \in \mathbb{C}$ に対して，非斉次線形微分方程式
$$P(D - \alpha)x = f(t)$$
の 1 つの特殊解は
$$x(t) = \frac{1}{P(D-\alpha)} f = e^{\alpha t} \frac{1}{P(D)}[e^{-\alpha t} f] \tag{3.20}$$
により与えられる．

【考察】 微分方程式 $P(D-\alpha)x = f(t)$ に対し，$x(t) = \dfrac{1}{P(D-\alpha)}f$ と書く．一方，式 (3.16) より，

$$f = e^{\alpha t}P(D)[e^{-\alpha t}x] \Leftrightarrow e^{-\alpha t}f = P(D)[e^{-\alpha t}x]$$

$$\Leftrightarrow \dfrac{1}{P(D)}[e^{-\alpha t}f] = e^{-\alpha t}x$$

$$\Leftrightarrow e^{\alpha t}\dfrac{1}{P(D)}[e^{-\alpha t}f] = x(t).$$

ゆえに，式 (3.20) が成り立つ．◆

例 3.7

1階非斉次線形微分方程式 $x' - \alpha x = f(t)$ (α は実数) を解いてみよう．

微分方程式は $(D-\alpha)x = f(t)$ である．式 (3.20) より，

$$x(t) = \dfrac{1}{D-\alpha}f = e^{\alpha t}\dfrac{1}{D}[e^{-\alpha t}f]$$

である．よって，この式を積分して，解

$$x(t) = e^{\alpha t}\left(\int^t e^{-\alpha s}f(s)\,ds + A\right)$$

$$= Ae^{\alpha t} + e^{\alpha t}\int^t e^{-\alpha s}f(s)\,ds \quad (A \text{ は積分定数})$$

を得る．◆

3.2 節で説明したように，斉次方程式 $(D-\alpha)x = 0$ の解は，$Ae^{\alpha t}$ (A は任意定数) である．これを1階斉次線形微分方程式の**一般解**といい，任意定数を含んでいる．また，非斉次式 $(D-\alpha)x = f(t)$ の解 $e^{\alpha t}\int^t e^{-\alpha s}f(s)\,ds$ を**特殊解** (particular solution) といい，これは任意定数を含まない形で表される．一般に1階非斉次線形微分方程式 $(D-\alpha)x = f(t)$ の任意解 x は次のように表される：

$$x = [\text{斉次式の一般解}] + [\text{非斉次式の特殊解}].$$

この事実は，2階非斉次線形微分方程式についても同様である．また，一般の n 階線形微分方程式と連立線形微分方程式における場合は，第 5 章において証明される．

α, β は定数とする．2 階非斉次線形微分方程式 $(D-\alpha)(D-\beta)x = f(t)$ の任意解 x は，次の形で与えられる：
$$x = x_0 + y.$$
x_0：斉次式 $(D-\alpha)(D-\beta)x = 0$ の解（一般解），
y：非斉次式 $(D-\alpha)(D-\beta)x = f$ の解（特殊解）．

特殊解は，一般解とは異なり，一般性を要求されていない．このため，特殊解を求める具体的計算で現れる不定積分において，積分定数を 0 としても不都合は生じない．

例 3.8

$a \neq 1, 2$ として，次の定係数の非斉次線形微分方程式を解いてみよう：
$$x'' - 3x' + 2x = e^{at}.$$

（ⅰ）斉次式 $(D-1)(D-2)x = 0$ の特性方程式 $(\lambda - 1)(\lambda - 2) = 0$ より，$\lambda = 1, 2$ である．したがって，斉次式の一般解は $x_0 = A e^t + B e^{2t}$（A, B は任意定数）となる．

（ⅱ）非斉次式の特殊解 $y = \dfrac{1}{(D-1)(D-2)} e^{at}$ を求める．式 (3.20) より，
$$y = \frac{1}{D-1}\left[e^{2t} \frac{1}{D}(e^{-2t} e^{at}) \right] = \frac{1}{D-1}\left[e^{2t} \int^t e^{(a-2)s}\, ds \right]$$
$$= \frac{1}{D-1} \cdot \frac{e^{at}}{a-2} = \frac{e^t}{a-2} \int^t e^{(a-1)s}\, ds = \frac{e^{at}}{(a-1)(a-2)}$$

である．非斉次式の任意の解 x は，斉次式の一般解 x_0 と特殊解 y の和であるから，
$$x(t) = A e^t + B e^{2t} + \frac{e^{at}}{(a-1)(a-2)}$$

を得る（公式 3.4 を参照）．◆

例 3.9

次の定係数の非斉次線形微分方程式を解いてみよう：
$$x'' + x = \cos t.$$

(i) 斉次式 $(D^2+1)x = 0$ の特性方程式は $(\lambda - i)(\lambda + i) = 0$ より, $\lambda = \pm i$ である. したがって, 斉次式の一般解は $x_0 = A\cos t + B\sin t$ (A, B は任意定数) となる.

(ii) 非斉次式の特殊解 $y = \dfrac{1}{(D-i)(D+i)}\cos t$ を求める. オイラーの公式 $e^{it} = \cos t + i\sin t$ から, e^{it} の実部, 虚部はそれぞれ $\cos t, \sin t$ である ($\operatorname{Re}(e^{it}) = \cos t$, $\operatorname{Im}(e^{it}) = \sin t$). ゆえに, 求める解 y は, 複素数値の微分方程式 $z'' + z = e^{it}$ の実部に等しい ($y = \operatorname{Re}(z)$). 解は $z = \dfrac{1}{(D-i)(D+i)}e^{it}$ であるから, 式 (3.20) から,

$$z = \frac{1}{D-i}\left[e^{-it}\frac{1}{D}(e^{it}e^{it})\right] = \frac{1}{D-i}\left[e^{-it}\int^t e^{2it}\,dt\right] = \frac{1}{D-i}\left[e^{-it}\left(\frac{e^{2it}}{2i}\right)\right]$$

$$= \frac{1}{2i}\left[e^{it}\frac{1}{D}(e^{-it}e^{it})\right] = \frac{1}{2i}e^{it}\int^t 1\,ds = \frac{1}{2i}\,te^{it} = \frac{t\sin t - it\cos t}{2}.$$

ゆえに, 特殊解は $y = \operatorname{Re}(z) = \dfrac{t\sin t}{2}$. 以上より, 非斉次式の任意の解 $x = x_0 + y$ は,

$$x(t) = A\cos t + B\cos t + \frac{t\sin t}{2}. \quad \blacklozenge$$

例 3.10

次の定係数の非斉次線形微分方程式を解いてみよう:

$$x'' - 4x' + 4x = t.$$

(i) 斉次式 $(D-2)^2 x = 0$ の特性方程式 $\lambda^2 - 4\lambda + 4 = 0$ の重解は, $\lambda = 2$ であるから, 斉次式の一般解は $x_0 = (A + tB)e^{2t}$ である.

(ii) 非斉次式の特殊解 y を求める. $y = \dfrac{1}{(D-2)^2}\,t$ より, 式 (3.20) から

$$y = e^{2t}\frac{1}{D^2}[e^{-2t}\,t] = e^{2t}\int^t\int^s r\,e^{-2r}\,drds$$

が成り立つ. 2重積分は

$$\int^t\int^s r\,e^{-2r}\,drds = \frac{-1}{2}\int^t s\,e^{-2s}\,ds - \int^t\int^s \frac{e^{-2r}}{-2}\,drds = \frac{(t+1)e^{-2t}}{4}$$

であるから, 特殊解は $y = \dfrac{t+1}{4}$ である. 以上より, 非斉次式の任意の解 $x = x_0 + y$ は,

$$x = (A + tB)e^{2t} + \frac{t+1}{4}. \quad \blacklozenge$$

3.3 定係数非斉次微分方程式と演算子法

非斉次式 (3.1) の特殊解を求める際，次の等式は有効である．

定理 3.4 （1） $P(D)x = f_1(t) + f_2(t)$ の解について，次の等式が成立する：

$$x(t) = \frac{1}{P(D)}[f_1 + f_2] = \frac{1}{P(D)}f_1 + \frac{1}{P(D)}f_2.$$

（2） $P_1(D)P_2(D)x = f(t)$ の解について，次の等式が成立する：

$$x(t) = \frac{1}{P_1(D)P_2(D)}f = \frac{1}{P_1(D)}\left(\frac{1}{P_2(D)}f\right) = \frac{1}{P_2(D)}\left(\frac{1}{P_1(D)}f\right).$$

（1）では非斉次項が2項の和の場合を，（2）では微分演算子が2項の積の場合を示しているが，それぞれ3項以上でも同様な等式が成り立つ．

定係数の非斉次線形常微分方程式の解法は，演算子法のみならず，以下に述べる [1] − [4] の解法，定数変化法，定係数の連立線形常微分微分方程式の解法を用いてもよい．

いろいろな非斉次項の特殊解

[1] 非斉次項が $f(t) = e^{kt}$ の場合

公式 3.4 定係数の非斉次線形微分方程式

$$x'' - (\alpha + \beta)x' + \alpha\beta x = e^{kt} \qquad (\alpha, \beta \in \mathbf{C})$$

は，次の (1), (2) のように解ける．

（1） $\alpha \neq k, \beta \neq k$ とする．その特殊解の1つは次のように与えられる：

$$y(t) = \frac{e^{kt}}{(k-\alpha)(k-\beta)}.$$

（2） $\alpha = k \neq \beta$ とする．その特殊解の1つは次のように与えられる：

$$y(t) = \frac{t\, e^{\alpha t}}{\alpha - \beta}.$$

【考察】 （1） $P(D) = (D-\alpha)(D-\beta)$ とおく．$P(k) \neq 0$ であるから式 (3.13) より，

$$P(D)y = P(D)\frac{e^{kt}}{P(k)} = P(k)\frac{e^{kt}}{P(k)} = e^{kt}$$

であるから，y は微分方程式 $P(D)y = e^{kt}$ の解である（公式 4.6 (1) を参照）．

（2） 式 (3.20) より，特殊解は

$$x = \frac{1}{(D-\beta)(D-\alpha)} e^{\alpha t} = \frac{1}{D-\beta}\left[e^{\alpha t}\frac{1}{D}(e^{-\alpha t}e^{\alpha t})\right] = \frac{1}{D-\beta}[e^{\alpha t}t]$$

である．さらに，式 (3.20) から，$x = e^{\beta t}\dfrac{1}{D}[e^{-\beta t}e^{\alpha t}t]$ より，部分積分を計算して，

$$x = \frac{te^{\alpha t}}{\alpha - \beta} - e^{\alpha t}\left[\frac{1}{(\alpha-\beta)^2} + c_2\right] + c_1 e^{\beta t}$$

を得る．積分定数を $c_1 = c_2 = 0$ として，$\dfrac{e^{\alpha t}}{(\alpha-\beta)^2}$ の項は，一般項の1つであるから，特殊解は次のように求められる（公式 4.6 (2) を参照）：

$$y = \frac{te^{\alpha t}}{\alpha - \beta}. \quad \blacklozenge$$

例題 3.7

次の定係数非斉次線形微分方程式を解け．ただし，$a \neq 2$ とする．

（1） $x'' - (2+a)x' + 2ax = e^{at}$ 　　　（2） $x'' - x' = e^t + e^{2t}$

【解】 （1）（i）斉次式 $(D-2)(D-a)x = 0$ の特性多項式 $(\lambda-2)(\lambda-a) = 0 \ (a \neq 2)$ から，$\lambda = 2, a$ である．したがって，斉次式の一般解は

$$x_0 = Ae^{at} + Be^{2t} \quad (A, B \text{ は任意定数}).$$

（ii）非斉次式の特殊解は，公式 3.4 (2) から $y = \dfrac{te^{at}}{a-2}$ である．以上より，非斉次式の任意の解 $x = x_0 + y$ は

$$x = Ae^{at} + Be^{2t} + \frac{te^{at}}{a-2}$$

となる．

（2）（i）斉次式 $D(D-1)x = 0$ の特性方程式 $\lambda(\lambda-1) = 0$ から，$\lambda = 0, 1$ である．したがって，斉次式の一般解は

$$x_0 = A + Be^t \quad (A, B \text{ は任意定数}).$$

(ii) 非斉次式 $D(D-1)x = e^t + e^{2t}$ の特殊解は，定理 3.4 (1) から，次の (P_1), (P_2) における特殊解の和である．

$$(P_1) \quad D(D-1)x = e^t, \qquad (P_2) \quad D(D-1)x = e^{2t}.$$

(P_1) の特殊解 y_1 は，公式 3.4 (2) より

$$y_1 = \frac{1}{D(D-1)} e^t = t\, e^t.$$

(P_2) の特殊解 y_2 は，公式 3.4 (1) より

$$y_2 = \frac{1}{D(D-1)} e^{2t} = \frac{e^{2t}}{2}.$$

以上から，非斉次式の任意の解 $x = x_0 + y_1 + y_2$ は

$$x = A + Be^t + t\, e^t + \frac{e^{2t}}{2}$$

となる．◆

[2] 非斉次項が $f(t) = A\cos at + B\sin bt$ の場合

例題 3.8

次の定係数非斉次線形微分方程式を解け．

$$x'' - 5x' + 6x = \cos 2t + \sin 3t.$$

【解】 (i) 斉次式 $(D-3)(D-2)x = 0$ の特性方程式は，$(\lambda-3)(\lambda-2) = 0$ であるから，$\lambda = 3, 2$．したがって，斉次式の一般解 x_0 は

$$x_0 = A\, e^{3t} + B\, e^{2t} \qquad (A, B \text{ は任意定数})．$$

(ii) 非斉次式の特殊解は，次の複素数値の微分方程式 (P_1), (P_2) に対するそれぞれの特殊解 z_1, z_2 を計算して得られる，実部 $\mathrm{Re}(z_1)$ と虚部 $\mathrm{Im}(z_2)$ の和である．

$$(P_1) \quad (D-3)(D-2)x = e^{2it}, \qquad (P_2) \quad (D-3)(D-2)x = e^{3it}.$$

(P_1) の特殊解 z_1 は，公式 3.4 (1) から

$$z_1 = \frac{1}{(D-3)(D-2)} e^{2it}$$

$$= \frac{e^{2it}}{(2i-3)(2i-2)}$$

$$= \frac{1}{52}\{\cos 2t - 5\sin 2t + i(\sin 2t + 5\cos 2t)\}.$$

(P_2) の特殊解 z_2 は，公式 3.4 (1) から

$$z_2 = \frac{1}{(D-3)(D-2)} e^{3it}$$

$$= \frac{e^{3it}}{(3i-3)(3i-2)}$$

$$= \frac{-1}{78}\{\cos 3t + 5\sin 3t + i(\sin 3t - 5\cos 3t)\}.$$

以上から，非斉次式の任意の解 $x = x_0 + \mathrm{Re}(z_1) + \mathrm{Im}(z_2)$ は次のように得られる：

$$x = A e^{3t} + B e^{2t} + \frac{1}{52}(\cos 2t - 5\sin 2t) - \frac{1}{78}(\sin 3t - 5\cos 3t). \quad \blacklozenge$$

[3] 非斉次項が $f(t) = t^k$ （k は自然数）の場合

例題 3.9

次の定係数 2 階非斉次線形微分方程式を解け．

$$x'' - 4x' + 4x = t^2.$$

【解】 (i) 斉次式 $(D-2)^2 x = 0$ の特性方程式は $(\lambda - 2)^2 = 0$ であるから，$\lambda = 2$（重解）．したがって，斉次式の一般解 x_0 は，

$$x_0 = (A + tB)e^{2t} \quad (A, B \text{ は任意定数}).$$

(ii) 非斉次式の特殊解 y は，$y = \dfrac{1}{(D-2)^2} t^2$ で与えられる．形式的に，次の展開

$$\frac{1}{(D-2)^2} = \frac{1}{4\left[1 - \dfrac{4D - D^2}{4}\right]} = \frac{1}{4}\left[1 + \frac{4D - D^2}{4} + \left(\frac{4D - D^2}{4}\right)^2 + \cdots\right]$$

を考える(詳しくは公式4.7の説明を参照). 非斉次項が2次多項式のときは,微分演算子 D^2 が現れる項まで考えればよい(実際, $D^3 t^2 = 0$ である). したがって,

$$y = \frac{1}{4}\left[1 + \frac{4D - D^2}{4} + \left(\frac{4D - D^2}{4}\right)^2\right]t^2 = \frac{1}{4}\left(t^2 + 2t + \frac{3}{2}\right)$$

を得る. 以上から, 任意の解 $x = x_0 + y$ は

$$x = (A + tB)e^{2t} + \frac{1}{4}\left(t^2 + 2t + \frac{3}{2}\right)$$

となる. ◆

[4] **非斉次項が $f(t) = At^k \sin at + Bt^k e^{bt}$ の場合**

オイラーの微分方程式は log の非斉次項を含むときがある. このとき, $t = e^s$ により, $\log t = s$ となり, log の項は多項式 s に帰着される.

例 3.11

次の定係数非斉次線形微分方程式を解いてみよう:

$$x'' - 2x' + x = t^2 e^{3t}.$$

(i) 斉次式 $(D-1)^2 x = 0$ の特性方程式は $(\lambda - 1)^2 = 0$ であるから, $\lambda = 1$(重解). したがって, 斉次式の一般解 x_0 は,

$$x_0 = (A + tB)e^t \quad (A, B は任意定数).$$

(ii) 非斉次式の特殊解 y は, $y = \dfrac{1}{(D-1)^2} t^2 e^{3t}$ で与えられる. 式(3.20)から,

$$y = e^{3t}\frac{1}{(D+3-1)^2}[e^{-3t}e^{3t}t^2] = \frac{e^{3t}}{4}\frac{1}{1 - \dfrac{-4D - D^2}{4}}t^2$$

を得る. ゆえに

$$y = \frac{e^{3t}}{4}\left[1 + \left(-D - \frac{D^2}{4}\right) + \left(-D - \frac{D^2}{4}\right)^2\right]t^2 = \frac{e^{3t}}{4}\left(t^2 - 2t + \frac{3}{2}\right)$$

を得る. 以上から, 非斉次式の任意の解 $x = x_0 + y$ は次のように得られる:

$$x = (A + tB)e^t + \frac{e^{3t}}{4}\left(t^2 - 2t + \frac{3}{2}\right). \quad \blacklozenge$$

問題 3.2 次の微分方程式を解け.

(1) $x'' + 3x' + 2x = e^{3t}$
(2) $x'' + 3x' + 2x = e^{-2t}$
(3) $x'' + 2x' + x = e^{-t}$
(4) $x'' - 4x' + 4x = e^{-t}$
(5) $x'' - x' + x = e^t \cos t$
(6) $x'' - 2x' + 2x = e^t \sin t$
(7) $x'' - x = t^2$
(8) $x'' - 6x' + 9x = t + \sin t$
(9) $x'' + x = t^2 - \cos t + 1$
(10) $x'' - x = t e^t \sin t$
(11) $x'' - 2x' + x = t^2 e^t$
(12) $x'' + x = e^t \cos t$
(13) $x' - x = t^k \quad (k = 0, 1, \cdots)$
(14) $x' - x = t \sin t$
(15) $x' - x = e^t$
(16) $t^2 x'' + tx' - 4x = t^2$
(17) $t^2 x'' - 4tx' + 6x = \log t$
(18) $t^2 x'' - 3tx' + 4x = t^2 \cos(\log t) + 1$

問題 3.3 次の2階非斉次線形微分方程式を解け.

(1) $x'' - 2\alpha x' + \alpha^2 x = f(t) \quad (\alpha$ は実数$)$
(2) $x'' - (\alpha_1 + \alpha_2)x' + \alpha_1 \alpha_2 x = f(t) \quad (\alpha_1, \alpha_2$ は相異なる実数$)$
(3) $x'' + ax' + bx = f(t) \quad (a^2 - 4b < 0)$

3.4　変係数微分方程式における定数変化法と階数低下法

変係数の1階非斉次線形常微分方程式 $x' = p(t)\,x + q(t)$ の解法として，定数変化法が重要であることを 2.1 節で述べた．本節では，2階の場合に関して同様な解法を与える．

3.4.1　定数変化法

変係数の2階非斉次線形常微分方程式

$$x'' + a_1(t)\,x' + a_2(t)\,x = f(t) \tag{3.21}$$

3.4 変係数微分方程式における定数変化法と階数低下法

を考えよう．この方程式の解を表現するために，斉次式の基本解を x_1, x_2 として，ロンスキアン

$$W(t) = W[x_1, x_2](t)$$

が用いられる．関数 a_1, a_2, f は区間 I 上で連続な実数値関数とする．

最初に，斉次式 $x'' + a_1(t)\, x' + a_2(t)\, x = 0$ の基本解（1次独立解）x_1, x_2 を求める．

次に，A, B を微分可能な未知関数として

$$x(t) = A(t)\, x_1(t) + B(t)\, x_2(t)$$

とおき，式 (3.21) をみたすように $A(t), B(t)$ を求めることで，非斉次式 (3.21) の特殊解を導く．$A(t), B(t)$ を求めるには，条件

$$A'(t)\, x_1(t) + B'(t)\, x_2(t) = 0 \tag{3.22}$$

を仮定した上で，この式と式 (3.21) を連立させて解を求める．$x(t)$ を微分すると

$$\begin{aligned}
x'(t) &= A(t)\, x_1'(t) + B(t)\, x_2'(t) + A'(t)\, x_1(t) + B'(t)\, x_2(t) \\
&= A(t)\, x_1'(t) + B(t)\, x_2'(t), \\
x''(t) &= A'(t)\, x_1'(t) + B'(t)\, x_2'(t) + A(t)\, x_1''(t) + B(t)\, x_2''(t)
\end{aligned}$$

である．基本解 $x_j\, (j=1,2)$ は $x_j'' + a_1(t)\, x_j' + a_2(t)\, x_j = 0$ をみたすから，

$$\begin{aligned}
f(t) &= A'(t)\, x_1'(t) + B'(t)\, x_2'(t) + A(t)\, x_1''(t) + B(t)\, x_2''(t) \\
&\quad + a_1(t)[A(t)\, x_1'(t) + B(t)\, x_2'(t)] + a_2(t)[A(t)\, x_1(t) + B(t)\, x_2(t)] \\
&= A'(t)\, x_1'(t) + B'(t)\, x_2'(t)
\end{aligned}$$

を得る．したがって，$A(t), B(t)$ を定める連立方程式は，行列を用いて表すと

$$\begin{pmatrix} A'(t)\, x_1(t) + B'(t)\, x_2(t) \\ A'(t)\, x_1'(t) + B'(t)\, x_2'(t) \end{pmatrix} = \begin{pmatrix} 0 \\ f(t) \end{pmatrix}$$

となる．この式は

$$\begin{pmatrix} x_1(t) & x_2(t) \\ x_1'(t) & x_2'(t) \end{pmatrix} \begin{pmatrix} A'(t) \\ B'(t) \end{pmatrix} = \begin{pmatrix} 0 \\ f(t) \end{pmatrix}$$

と表される．したがって，$A'(t), B'(t)$ を求めると，

$$\begin{pmatrix} A'(t) \\ B'(t) \end{pmatrix} = \begin{pmatrix} x_1(t) & x_2(t) \\ x_1'(t) & x_2'(t) \end{pmatrix}^{-1} \begin{pmatrix} 0 \\ f(t) \end{pmatrix}$$

$$= \frac{1}{W(t)} \begin{pmatrix} x_2'(t) & -x_2(t) \\ -x_1'(t) & x_1(t) \end{pmatrix} \begin{pmatrix} 0 \\ f(t) \end{pmatrix}.$$

ここで $W(t)$ は x_1, x_2 についてのロンスキアンである．よって，得られた $A'(t)$, $B'(t)$ を区間 $[t_0, t] \subset I$ で積分すると (t_0 は初期時刻)

$$A(t) = \int_{t_0}^{t} \frac{-x_2(s)f(s)}{W(s)} \, ds + A(t_0), \quad B(t) = \int_{t_0}^{t} \frac{x_1(s)f(s)}{W(s)} \, ds + B(t_0).$$

以下では，初期時刻 (積分の下端) の $t = t_0$ を省略せずに解の公式をまとめる．

公式 3.5 関数 a_1, a_2 は区間 I 上の連続関数として，斉次微分方程式

$$x'' + a_1(t)\, x' + a_2(t)\, x = 0$$

の基本解を x_1, x_2 とし，そのロンスキアンを $W(t) = W[x_1, x_2](t)$ とする．このとき，f を連続関数として，2 階非斉次線形常微分方程式

$$x'' + a_1(t)\, x' + a_2(t)\, x = f(t)$$

の任意の解は次のように与えられる：

$$x(t) = \left[\int_{t_0}^{t} \frac{-x_2(s)f(s)}{W(s)} \, ds + A \right] x_1(t) + \left[\int_{t_0}^{t} \frac{x_1(s)f(s)}{W(s)} \, ds + B \right] x_2(t).$$

ただし，A, B は積分定数で，初期条件により定まる．

上記における解の公式では，非斉次式の解 x は斉次式の一般解 (基本解の 1 次結合 $Ax_1 + Bx_2$) と非斉次式の特殊解 (定数変化法などを用いて求められる解) の和であることを意味する．

3.4 変係数微分方程式における定数変化法と階数低下法

2階線形微分方程式では基本解の個数が2つである（p.57）ため，これらに定数変化法を適用すれば未知関数の個数も2つとなる．よって，未知関数を計算で求めるための条件の個数は，未知関数の個数と等しい2つ必要となる．1つ目の条件としては2階線形微分方程式そのものである．2つ目の条件としては，式(3.22)を選べばよい．この際，「微分方程式の解に関する一意性」が重要な役割を演じることになる．<u>解を求める計算を簡潔にする式</u>を2つ目に選んでも構わないのである．

例 3.12

次の微分方程式を定数変化法を用いて解いてみよう：
$$x'' - 2x' - 3x = e^t. \tag{3.23}$$

(i) 特性方程式は $P(\lambda) = \lambda^2 - 2\lambda - 3 = 0$ であり，その解は $\lambda = 3, -1$．したがって，斉次微分方程式の基本解は e^{3t}, e^{-t} で，斉次式の一般解は

$$x_0(t) = A\,e^{3t} + B\,e^{-t} \quad (A, B \text{は任意定数}).$$

(ii) 定数変化法によって非斉次式の特殊解を求めるため，$A(t)$, $B(t)$ は微分可能な未知関数とし，非斉次式の解 x を次のようにおく：

$$x(t) = A(t)\,e^{3t} + B(t)\,e^{-t}.$$

これを微分して，条件(3.22)，すなわち $A'(t)\,e^{3t} + B'(t)\,e^{-t} = 0$ を用いると

$$\begin{aligned}
x'(t) &= 3A(t)\,e^{3t} - B(t)\,e^{-t} + A'(t)\,e^{3t} + B'(t)\,e^{-t} \\
&= 3A(t)\,e^{3t} - B(t)\,e^{-t}, \\
x''(t) &= 9A(t)\,e^{3t} + B(t)\,e^{-t} + 3A'(t)\,e^{3t} - B'(t)\,e^{-t}
\end{aligned}$$

を得る．上記 $x'(t)$, $x''(t)$ の式を(3.23)に代入すると

$$e^t = 3A'(t)\,e^{3t} - B'(t)\,e^{-t}.$$

よって，$A(t)$, $B(t)$ について次の連立方程式を得る：

$$\begin{pmatrix} e^{3t} & e^{-t} \\ 3e^{3t} & -e^{-t} \end{pmatrix} \begin{pmatrix} A'(t) \\ B'(t) \end{pmatrix} = \begin{pmatrix} 0 \\ e^t \end{pmatrix}.$$

これを $A'(t)$, $B'(t)$ について解くと

$$\begin{pmatrix} A'(t) \\ B'(t) \end{pmatrix} = \begin{pmatrix} e^{3t} & e^{-t} \\ 3e^{3t} & -e^{-t} \end{pmatrix}^{-1} \begin{pmatrix} 0 \\ e^t \end{pmatrix}$$

$$= \frac{-1}{4e^{2t}} \begin{pmatrix} -e^{-t} & -e^{-t} \\ -3e^{3t} & e^{3t} \end{pmatrix} \begin{pmatrix} 0 \\ e^t \end{pmatrix} = \frac{1}{4} \begin{pmatrix} e^{-2t} \\ -e^{2t} \end{pmatrix}.$$

得られた $A'(t)$, $B'(t)$ を積分（積分定数を 0 とする）すれば次のようになる：

$$A(t) = -\frac{e^{-2t}}{8}, \qquad B(t) = -\frac{e^{2t}}{8}.$$

以上，(i), (ii) から，非斉次式の任意の解は次のようになる：

$$x(t) = \left(-\frac{e^{-2t}}{8} + A\right) e^{3t} + \left(-\frac{e^{2t}}{8} + B\right) e^{-t}. \quad \blacklozenge$$

3.4.2　階数低下法

関数 a_1, a_2 は区間 I 上で定義される実数値連続関数とする．変係数の 2 階斉次線形常微分方程式

$$x'' + a_1(t) x' + a_2(t) x = 0 \tag{3.24}$$

に対し，何らかの方法ですでに求められている 1 つの解 $x(t) \neq 0$ から構成される，$x(t)$ とは 1 次独立なもう 1 つの解 y を，定数変化法を応用して求める方法を述べる．これは微分の階数を低めて解を得る**階数低下法**である．

式 (3.24) の求めるべき解を $z(t) = c(t) x(t)$ とおく．$c(t)$ は微分可能な未知関数とする．

$$z'(t) = c'(t) x(t) + c(t) x'(t), \qquad z''(t) = c''(t) x(t) + 2c'(t) x'(t) + c(t) x''(t)$$

であるから，これらを式 (3.24) に代入し，x は式 (3.24) の解であることから，

$$\begin{aligned} 0 &= c''(t) x(t) + 2c'(t) x'(t) + c(t) x''(t) \\ &\quad + a_1(t) \{c'(t) x(t) + c(t) x'(t)\} + a_2(t) c(t) x(t) \\ &= x(t) c''(t) + \{2x'(t) + a_1(t) x(t)\} c'(t) \end{aligned}$$

を得る．これは $u(t) = c'(t)$ に関する1階非斉次線形微分方程式

$$x(t)\,u'(t) + \{2x'(t) + a_1(t)\,x(t)\}u(t) = 0$$

である．これは変数分離形で，その解は，

$$\begin{aligned}
u(t) &= A\,e^{\int^t [-\frac{2x'(s)}{x(s)}ds - a_1(s)]ds} \\
&= A\,e^{-2\log|x(t)| - \int^t a_1(s)ds} \\
&= \frac{A}{x(t)^2\,e^{\int^t a_1(s)ds}} \quad (A は任意定数)
\end{aligned}$$

となる．これをさらに積分すると，

$$c(t) = \int^t u(s)\,ds = A\int^t \frac{1}{x(s)^2\,e^{\int^s a_1(r)dr}}\,ds + B \quad (B は任意定数)$$

から，次の解を得る：

$$z(t) = c(t)x(t) = A\,x(t)\int^t \frac{1}{x(s)^2\,e^{\int^s a_1(r)dr}}\,ds + Bx(t).$$

このとき，$x(t)$ と $y(t) = x(t)\int^t \dfrac{e^{-\int^s a_1(r)dr}}{x(s)^2}\,ds$ は，式 (3.24) の1次独立な解である（問題 3.4 参照）．以上より，次の解法が得られる．

公式 3.6　（ダランベール（d'Alembert）の階数低下法）　変係数斉次微分方程式

$$x'' + a_1(t)\,x' + a_2(t)\,x = 0$$

に関し，a_1, a_2 は連続な関数とする．$x(t) \neq 0$ なる解が得られているとき，x とは1次独立な解 y は

$$y(t) = x(t)\int^t \frac{ds}{x(s)^2\,e^{\int^s a_1(r)dr}}$$

で与えられる．さらに，式 (3.24) の任意の解 z は，その1次結合で表される：

$$z(t) = Ax(t) + By(t) \quad (A, B は定数)．$$

例 3.13

斉次線形微分方程式

$$x'' + x' + \frac{t-1}{(t+1)^2}x = 0 \qquad (t > -1)$$

の 1 つの解は，$x(t) = \dfrac{1}{t+1}$ であることを示し，その x と 1 次独立な解 y を求めてみよう．$x(t) = \dfrac{1}{t+1}$ を微分して，

$$x' = \frac{-1}{(t+1)^2},$$
$$x'' = \frac{2}{(t+1)^3} = \frac{1+t-(t-1)}{(t+1)^3} = -x' - \frac{t-1}{(t+1)^2}x$$

より，この x は微分方程式の解である．x と 1 次独立な解 $y(t)$ は階数低下法から，次のように求められる：

$$y(t) = x(t)\int^t (s+1)^2 e^{-s}\,ds = -\left(t+3+\frac{2}{t+1}\right)e^{-t}.$$

したがって，微分方程式の任意の解は，A, B を定数として，

$$z(t) = \frac{A}{t+1} + B\left(t+3+\frac{2}{t+1}\right)e^{-t}$$

である．◆

問題 3.4 関数 a_1, a_2 は区間 I 上で連続とする．斉次式 $x'' + a_1(t)x' + a_2(t)x = 0$ の 1 つの解は $x(t) \neq 0\,(t \in I)$ であるとする．このとき，階数低下法による解

$$y(t) = x(t)\int^t \frac{1}{x(s)^2\,e^{\int^s a_1(r)dr}}\,ds$$

は $x(t)$ と 1 次独立であることを示せ．

問題 3.5 （非斉次式の階数低下法） 区間 I 上の連続な実数値関数 a, b, f を係数とする 2 階非斉次線形常微分方程式 $(E_1) : x'' + a(t)x' + b(t)x = f(t)$ の斉次式は，$x(t) \neq 0$ の解をもつとする．このとき，次のように定数変化法と置き換えを行い，微分の階数を低下させて解を導け．

（1） A を微分可能な関数として，$y(t) = A(t)\,x(t)$ なる形の解を (E$_1$) はもつとする．このとき，A は，2 階非斉次線形微分方程式 (E$_2$)：$A'' = -\left(\dfrac{2x'(t)}{x(t)} + a(t)\right)A' + \dfrac{f(t)}{x(t)}$ をみたすことを示せ．

（2） 微分方程式 (E$_2$) の斉次式において，$u(t) = A'(t)$ とおき，解
$$u(t) = \dfrac{B}{x(t)^2\, e^{\int^t a(r)\,dr}} \qquad (B \text{ は任意定数})$$
を導け．

（3） （2）における B を微分可能な関数 $B(t)$ として，$u(t) = B(t)\{x(t)^2\, e^{\int^t a(r)\,dr}\}^{-1}$ なる形の解を非斉次式 (E$_2$) はもつとする．このとき，$u(t)$ は次の式で与えられることを導け（B_0 は積分定数）：
$$u(t) = \dfrac{1}{x(t)^2 e^{\int^t a(r)\,dr}} \int^t f(s)x(s) e^{\int^s a(r)\,dr}\, ds + \dfrac{B_0}{x(t)^2 e^{\int^t a(r)\,dr}}\,.$$

（4） $y(t) = x(t)\displaystyle\int^t u(r)\,dr$ を計算して，(E$_1$) の解が次の式で与えられることを導け（B_1 は積分定数）：
$$y(t) = B_1 x(t) + B_0 x(t)\int^t \dfrac{ds}{x(s)^2\, e^{\int^s a(r)\,dr}} + x(t)\int^t \dfrac{\{\int^p f(s)x(s)\, e^{\int^s a(r)\,dr}\}ds}{x(p)^2\, e^{\int^p a(r)\,dr}}\,dp.$$

（5） 変係数の微分方程式 $x'' + 4tx' + (4t^2 + 2)x = te^{-t^2}$ の斉次式は，$x = e^{-t^2}$ を解にもつことを示し，微分方程式の任意の解を求めよ．

問題 3.6 次の微分方程式を解け．ただし，x_1 は 1 つの解である．

（1） $t(t-1)x'' + (3t-1)x' + x = 0 \qquad \left(0 < t < 1,\ x_1 = \dfrac{1}{1-t}\right)$

（2） $(t^2-1)t^2 x'' - (t^2+1)tx' + (t^2+1)x = 0 \qquad (0 < t < 1,\ x_1 = t)$

（3） $t^2 x'' + tx' - x = 1 \qquad (t > 0,\ x_1 = t)$

（4） $(t-1)x'' - tx' + x = 1 \qquad (t > 1,\ x_1 = t)$

（5） $t^2 x'' - 2t(t+1)x' + 2(t+1)x = t^3 e^{2t} \qquad (t > 0,\ x_1 = t)$

（6） $x'' + \dfrac{4}{t}x' + \dfrac{2}{t^2}x = 0 \qquad \left(t > 0,\ x_1 = \dfrac{1}{t}\right)$

第 4 章　高階線形常微分方程式

　4.1 節で述べる高階線形微分方程式およびその解に関する諸性質は変係数線形微分方程式を対象として解説しているが，定係数の線形微分方程式でも成り立つものである．しかし，具体的に解を求める方法は定係数方程式に関するものが多く，変係数方程式の方法は少ない（章末に 3 階微分方程式の例を示している）．4.2 節以降における高階線形方程式の具体的解法は定係数方程式に限っている．

　例 4.2 で述べるように，高階線形微分方程式の解法では，微分の最高次数 n に対応した n 次多項式を因数分解して n 次方程式の解を求める必要がある．このため，高次微分方程式の解をすべて見つけることは容易でなく，応用においては 2 階や 3 階線形微分方程式を扱うことがほとんどである．

　本章で扱われる n 階変係数非斉次線形常微分方程式

$$x^{(n)} + a_1(t)x^{(n-1)} + a_2(t)x^{(n-2)} + \cdots + a_n(t)x = f(t) \tag{4.1}$$

において関数 $a_j, f\,(j=1,2,\cdots,n)$ は区間 $I\,(\subset \mathbf{R})$ で連続とする．2 階線形常微分方程式の解法と同様な方法が用いられ，非斉次式 (4.1) の任意の解は，斉次式

$$x^{(n)} + a_1(t)x^{(n-1)} + a_2(t)x^{(n-2)} + \cdots + a_n(t)x = 0 \tag{4.2}$$

の一般解と非斉次式 (4.1) の 1 つの特殊解の和で表現される．

4.1　解の n 次元ベクトル空間とロンスキアン

4.1.1　解の n 次元ベクトル空間

　n 階斉次線形常微分方程式の解の集合は，ベクトル（線形）空間で，その次元は n である．解からなるベクトル空間を解空間ともいう．ベクトル空間においては，その元を**ベクトル**（vector）という．

例えば，集合 $\mathbf{R}^n = \{\boldsymbol{x} = (x_1, x_2, \cdots, x_n)^T : x_j \in \mathbf{R}, j = 1, 2, \cdots, n\}$ は，和 $\boldsymbol{x} + \boldsymbol{y}$ とスカラー倍 $k\boldsymbol{x}$（ただし，$\boldsymbol{x}, \boldsymbol{y} \in \mathbf{R}^n$, $k \in \mathbf{R}$）に関して「結合則，交換則，零元の存在，逆元の存在，和の分配則，スカラー倍の分配則，スカラー倍・和の結合則，スカラー倍の単位元の存在」が示されることから，$\mathbf{R}^n$ は $\mathbf{R}$ 上のベクトル空間である．線形代数における次の概念 (1) − (4) は，ベクトル空間との関連で重要である．

(1) **1次結合**：M は K 上のベクトル空間として，$\boldsymbol{x}_1, \boldsymbol{x}_2, \cdots, \boldsymbol{x}_m \in M$ と $k_1, k_2, \cdots, k_m \in K$ に対して，**1次結合**（線形結合）

$$\sum_{j=1}^{m} k_j \boldsymbol{x}_j = k_1 \boldsymbol{x}_1 + k_2 \boldsymbol{x}_2 + \cdots + k_m \boldsymbol{x}_m$$

はベクトルを表す．

(2) **1次独立性・1次従属性**：ベクトル $\boldsymbol{x}_1, \boldsymbol{x}_2, \cdots, \boldsymbol{x}_m \in M$ が **1次独立**（線形独立）であるとは，

$$k_1 \boldsymbol{x}_1 + k_2 \boldsymbol{x}_2 + \cdots + k_m \boldsymbol{x}_m = \boldsymbol{0} \tag{4.3}$$

ならば，$k_1 = k_2 = \cdots = k_m = 0$ が成り立つことをいう．すなわち，その1次結合が $\boldsymbol{0}$ となるのは，$k_j = 0$ $(j = 1, 2, \cdots, m)$ のときに限ることをいう．また，$\boldsymbol{x}_1, \boldsymbol{x}_2, \cdots, \boldsymbol{x}_m \in M$ が1次独立でないとき，**1次従属**（線形従属）であるという．

(3) **基底と次元**：ベクトル空間 M には，

（ⅰ）1次独立な n 個のベクトル $\boldsymbol{x}_1, \boldsymbol{x}_2, \cdots, \boldsymbol{x}_n \in M$ が属し，$n+1$ 個以上の1次独立なベクトルは存在しない．

（ⅱ）任意のベクトル $\boldsymbol{x} \in M$ がベクトル $\boldsymbol{x}_1, \boldsymbol{x}_2, \cdots, \boldsymbol{x}_n$ の1次結合として表現されるとき，ベクトルの組 $\{\boldsymbol{x}_1, \boldsymbol{x}_2, \cdots, \boldsymbol{x}_n\}$ を M の**基底**という．基底を構成するベクトルの数をベクトル空間の**次元**といい，$\dim M = n$ と表し，M は n **次元ベクトル空間**であるという．

例 4.1

ベクトル空間 $\mathbf{R}^n = \{(x_1, x_2, \cdots, x_n)^T : x_j \in \mathbf{R} \ (j=1,2,\cdots,n)\}$ は，$\dim \mathbf{R}^n = n$ である．$\mathbf{R}^n$ における n 個のベクトル

$$e_1 = \begin{pmatrix} 1 \\ 0 \\ 0 \\ \vdots \\ 0 \end{pmatrix}, \quad e_2 = \begin{pmatrix} 0 \\ 1 \\ 0 \\ \vdots \\ 0 \end{pmatrix}, \quad \cdots, \quad e_n = \begin{pmatrix} 0 \\ 0 \\ \vdots \\ 0 \\ 1 \end{pmatrix}.$$

（ただし，$e_j \in \mathbf{R}^n$ は第 j 行だけが 1 で他の成分は 0 のベクトル）は $\mathbf{R}^n$ の基底の 1 つである．これは n 次元ベクトルの基本的ベクトルの組であることから，特にこれを**標準基底**という．実際，$\sum_{j=1}^m k_j e_j = \mathbf{0}$ とすると，$(k_1, k_2, \cdots, k_n)^T = \mathbf{0}$ のときに限るから，標準基底は 1 次独立である．任意の $\boldsymbol{x} = (x_1, x_2, \cdots, x_n)^T$ は，$\boldsymbol{x} = \sum_{j=1}^m x_j e_j$ と表される．　◆

(4) **部分空間**：集合 $K = \mathbf{R}$（あるいは $\mathbf{C}$）上のベクトル空間 M の部分集合 $N \subset M$ を考える．N が**部分空間**であるとは，$\boldsymbol{u}, \boldsymbol{v} \in N$ と $k, \ell \in K$ に関して $k\boldsymbol{u} + \ell\boldsymbol{v} \in N$ が成り立つときをいう．ベクトル空間の部分空間は，またベクトル空間をなす．例えば，n 次元ベクトル空間 $\mathbf{R}^n$ の部分集合 $N = \{\lambda \boldsymbol{a} : \lambda \in \mathbf{R}\} \ (\boldsymbol{a} \neq \mathbf{0})$ は，部分空間である．$\boldsymbol{u} = \lambda_1 \boldsymbol{a}, \ \boldsymbol{v} = \lambda_2 \boldsymbol{a} \in N$ と $k, \ell \in K$ に関して

$$k\boldsymbol{u} + \ell\boldsymbol{v} = k(\lambda_1 \boldsymbol{a}) + \ell(\lambda_2 \boldsymbol{a}) = (k\lambda_1 + \ell\lambda_2)\boldsymbol{a} \in N$$

が成り立つからである．

部分空間の定義において，「…が成り立つときをいう．」の表現を用いた．ある大枠の集合において，ベクトル空間の諸性質（和・スカラー倍の結合律など）のすべてが成り立つことが示されているとする．その部分集合では，和・スカラー倍が定義できるならば，大枠のベクトル空間に関する諸性質が自動的に成り立ち，その部分集合がまた 1 つのベクトル空間をなすことを意味する．

n 階線形方程式 (4.2) の解は $C^n(I)$ の元である．すなわち，n 階方程式の解は区間 I 上で n 回微分可能で，n 次導関数が連続である．

定理 4.1 集合 V_n は，n 階斉次線形常微分方程式
$$x^{(n)} + a_1(t)x^{(n-1)} + a_2(t)x^{(n-2)} + \cdots + a_n(t)x = 0$$
の解の集合とする．a_j は区間 I 上の連続な実数値関数である．このとき，V_n は n 次元ベクトル空間をなし，$C^n(I)$ の部分空間である．

証明は，第 5 章を参照されたい．この定理から，n 階線形常微分方程式の任意の解は，基底をなす n 個の 1 次独立な解によって次のように表現される．

連続関数 $a_j(t)$ $(j = 1, 2, \cdots, n)$ を係数にもつ n 階斉次線形微分方程式
$$x^{(n)} + a_1(t)x^{(n-1)} + a_2(t)x^{(n-2)} + \cdots + a_n(t)x = 0 \tag{4.4}$$
の任意の解 x_0 は，基底 $x_1, x_2, \cdots, x_n$ の 1 次結合
$$x_0 = c_1 x_1 + c_2 x_2 + \cdots + c_n x_n$$
(n 個の定数 $c_1, c_2, \cdots, c_n$) で表現される．

斉次式 (4.4) において，n 個の 1 次独立な解の集合 (すなわち基底) $x_1, x_2, \cdots, x_n$ を**基本解**といい，x_0 を斉次式 (4.4) の**一般解**という．

例 4.2

定係数の n 階斉次線形微分方程式
$$x^{(n)} + a_1 x^{(n-1)} + a_2 x^{(n-2)} + \cdots + a_n x = 0$$
に関し，解を $x(t) = A e^{\lambda t}$ ($A \in \mathbf{C}; A \neq 0, \lambda = a + ib \in \mathbf{C}$) と仮定するとき，方程式 (**特性方程式**) $\lambda^n + a_1 \lambda^{n-1} + a_2 \lambda^{n-2} + \cdots + a_n = 0$ が導かれることを示そう．

関数 $x = A e^{\lambda t}$ を定係数の微分方程式に代入すると，
$$A(\lambda^n + a_1 \lambda^{n-1} + a_2 \lambda^{n-2} + \cdots + a_n)e^{\lambda t} = 0$$
を得る．$A \neq 0$, $e^{\lambda t} = e^{at}(\cos bt + i \sin bt) \neq 0$ より，次の特性方程式を得る：
$$\lambda^n + a_1 \lambda^{n-1} + a_2 \lambda^{n-2} + \cdots + a_n = 0. \quad \blacklozenge$$

例 4.3

3 階斉次線形微分方程式

$$x''' = 0$$

に関し，$x_1 = 1$，$x_2 = t$，$x_3 = t^2$ $(t \in \mathbf{R})$ は基本解の 1 つであることを示そう．

まず，$x_k (k = 1, 2, 3)$ が微分方程式 $x''' = 0$ の解であることは明らかである．次に，1 次独立性を確かめる．$c_1 + c_2 t + c_3 t^2 \equiv 0$ $(t \in \mathbf{R})$ と仮定する．この式の両辺を 2 回微分すると，$c_2 + 2c_3 t = 0$，$2c_3 = 0$ であるから直ちに，$c_3 = c_2 = c_1 = 0$ を得る．よって，x_k $(k = 1, 2, 3)$ は 1 次独立な解である．また，3 階線形微分方程式 $x''' = 0$ の解集合 V_3 は 3 次元ベクトル（線形）空間であるから，$x_k (k = 1, 2, 3)$ は基底であり，基本解でもある．
◆

4.1.2 ロンスキアン

2 階斉次線形微分方程式と同様に，n 階斉次線形微分方程式

$$x^{(n)} + a_1(t) x^{(n-1)} + \cdots + a_n(t) x = 0 \tag{4.5}$$

の解に関する 1 次独立性の判定法が得られる．$a_j(t)$ $(j = 1, 2, \cdots, n)$ は区間 I $(\subset \mathbf{R})$ 上で定義された実数値連続関数とする．

n 回連続微分可能な関数 $x_i(t) \in C^n(I)$ の $0, 1, \cdots, n-1$ 次導関数に関する**ロンスキアン**とは，行列式

$$W[x_1, x_2, \cdots, x_n](t) = \det \begin{pmatrix} x_1(t) & x_2(t) & \cdots & x_n(t) \\ \dfrac{dx_1}{dt}(t) & \dfrac{dx_2}{dt}(t) & \cdots & \dfrac{dx_n}{dt}(t) \\ \vdots & \vdots & \ddots & \vdots \\ \dfrac{d^{n-1} x_1}{dt^{n-1}}(t) & \dfrac{d^{n-1} x_2}{dt^{n-1}}(t) & \cdots & \dfrac{d^{n-1} x_n}{dt^{n-1}}(t) \end{pmatrix}$$

で与えられるものである．定理 3.2 と同様な結果が成り立つ．

次の 1 次独立性の判定法に関して，結果は $n=2$ の場合と同様で，証明は線形代数の定理を応用してできる．

定理 4.2 連続関数 $a_j(t)$ $(j=1,2,\cdots,n)$ を係数にもつ n 階斉次線形微分方程式

$$x^{(n)} + a_1(t)x^{(n-1)} + \cdots + a_n(t)x = 0 \tag{4.6}$$

の解 $x_1, x_2, \cdots, x_n \in C^n(I)$ のロンスキアンを

$$W(t) = W[x_1, x_2, \cdots, x_n](t)$$

とおく．このとき，次の等式が成立する（**リュウビルの公式**）：

$$W(t) = W(t_0) e^{-\int_{t_0}^t a_1(s)ds} \qquad (t_0, t \in I). \tag{4.7}$$

さらに，次のように判定が可能である：

(1) $W(t_0) \neq 0$ （ある $t_0 \in I$） $\iff$ $x_1, x_2, \cdots, x_n$ は 1 次独立，

(2) $W(t_0) = 0$ （ある $t_0 \in I$） $\iff$ $x_1, x_2, \cdots, x_n$ は 1 次従属．

等式 (4.7) の証明は，山本 稔：「常微分方程式の安定性」（実教出版）を参照されたい．前章における 2 階斉次線形微分方程式の解 x_1, x_2 に関して，1 次独立性を判定する場合にロンスキアンが重要であったように，n 階斉次線形微分方程式についても，等式 (4.7) を用いると同様な判定法が次のように成り立つ．

ある $t_0 \in I$ において $W(t_0) \neq 0$ ならば，<u>任意の t で</u> $W(t) \neq 0$ である．行列式 $W(t)$ が 0 でないから，次の線形連立方程式は $\mathbf{0}$ 以外に解をもたない：

$$\begin{pmatrix} x_1(t) & x_2(t) & \cdots & x_n(t) \\ x_1'(t) & x_2'(t) & \cdots & x_n'(t) \\ \vdots & \vdots & \ddots & \vdots \\ x_1^{(n-1)}(t) & x_2^{(n-1)}(t) & \cdots & x_n^{(n-1)}(t) \end{pmatrix} \begin{pmatrix} c_1 \\ c_2 \\ \vdots \\ c_n \end{pmatrix} = \mathbf{0}.$$

ゆえに，$x_1, x_2, \cdots, x_n$ は 1 次独立である．

1 次独立の推論の対偶として，ある $t_0 \in I$ において $W(t_0) = 0$ の場合は，1 次従属であることが示される．

例 4.4

定係数 ($a_j \in \mathbf{R}; j = 1, 2, \cdots, n$) の n 階斉次線形微分方程式について考えてみよう．

$$x^{(n)} + a_1 x^{(n-1)} + a_2 x^{(n-2)} + \cdots + a_n x = 0$$

の特性方程式は $\lambda^n + a_1 \lambda^{n-1} + a_2 \lambda^{n-2} + \cdots + a_n = 0$ である（例 4.2 を参照）．α_j ($j = 1, 2, \cdots, n$) を複素数として，特性方程式の左辺が複素数の範囲で次のように因数分解されたとする：

$$(\lambda - \alpha_1)(\lambda - \alpha_2) \cdots (\lambda - \alpha_n) = 0.$$

このとき，α_j と微分演算子 $D = \dfrac{d}{dt}$ を用いれば，もとの n 階斉次線形微分方程式を次のように表現することができる（3.2 節および次節を参照）：

$$(D - \alpha_1)(D - \alpha_2) \cdots (D - \alpha_n) x = 0.$$

特性方程式の解 $\alpha_j \in \mathbf{C}$ が相異なるとき，次の関係が成り立つ．

（1） 関数 $x_j(t) = e^{\alpha_j t}$ ($j = 1, 2, \cdots, n$) は，微分方程式の解である．実際，$j = 1, 2, \cdots, n$ について，$(D - \alpha_j) x_j = \alpha_j e^{\alpha_j t} - \alpha_j e^{\alpha_j t} = 0$ より，

$$(D - \alpha_1)(D - \alpha_2) \cdots (D - \alpha_{j-1})(D - \alpha_{j+1}) \cdots (D - \alpha_n)(D - \alpha_j) x_j = 0$$

が成り立つ．ゆえに，x_j は解である．

（2） ロンスキアンは次のようになる：

$$W(t) = \begin{vmatrix} e^{\alpha_1 t} & e^{\alpha_2 t} & \cdots & e^{\alpha_n t} \\ \alpha_1 e^{\alpha_1 t} & \alpha_2 e^{\alpha_2 t} & \cdots & \alpha_n e^{\alpha_n t} \\ \vdots & \vdots & \ddots & \vdots \\ \alpha_1^{n-1} e^{\alpha_1 t} & \alpha_2^{n-1} e^{\alpha_2 t} & \cdots & \alpha_n^{n-1} e^{\alpha_n t} \end{vmatrix}$$

$$= \prod_{k<j} (\alpha_k - \alpha_j) e^{(\alpha_1 + \alpha_2 + \cdots + \alpha_n) t} \neq 0.$$

ゆえに，$x_k(t) = e^{\alpha_k t}$ ($k = 1, 2, \cdots, n$) は 1 次独立な解，すなわち基本解である．◆

例題 4.1

ベクトル空間 M における $x_1, x_2, \cdots, x_m \in M$ に関して，次の (i), (ii) を示せ．

(i) $x_1, x_2, \cdots, x_m$ が 1 次従属ならば，$x_1, x_2, \cdots, x_m$ のあるベクトルが他のベクトルの 1 次結合で表現される．

(ii) 1 次結合で表現できないときは 1 次独立である．

【考察】 (i) $x_1, x_2, \cdots, x_m \in M$ が 1 次独立でないとすると，$\sum_{j=1}^{m} k_j x_j = 0$ において $k_j = 0 \ (j = 1, 2, \cdots, m)$ でない k_j が少なくとも 1 つ存在する．このとき，ある整数 $i_0 \ (1 \leq i_0 \leq m)$ が存在して，$k_{i_0} \neq 0$ であれば，$\sum_{j=1}^{m} \dfrac{k_j}{k_{i_0}} x_k = 0$ である．よって，

$$x_{i_0} = -\frac{k_1}{k_{i_0}} x_1 - \frac{k_2}{k_{i_0}} x_2 - \cdots - \frac{k_{i_0-1}}{k_{i_0}} x_{i_0-1} - \frac{k_{i_0+1}}{k_{i_0}} x_{i_0+1} - \cdots - \frac{k_m}{k_{i_0}} x_m$$

を得る．右辺には，x_{i_0} のスカラー倍はない．すなわち，1 次従属であるとは，ある x_{i_0} が他の $x_j (j \neq i_0)$ によって表現できることを意味する．

(ii) 逆に，$x_1, x_2, \cdots, x_m \in M$ が互いに他の 1 次結合とならないとき，1 次独立といえる． ◆

例題 4.2 （1 次結合の一意性）

ベクトル x が，1 次独立な $x_1, x_2, \cdots, x_m \in M$ （M は K 上のベクトル空間）の 1 次結合で表現されるとき，その表現は一意的である．

【考察】 x が 2 つの 1 次結合で表されたとしても，その表現が一致することを示す．

$$x = k_1 x_1 + k_2 x_2 + \cdots + k_m x_m = \ell_1 x_1 + \ell_2 x_2 + \cdots + \ell_m x_m$$

$(k_j, \ell_j \in K\ ; j = 1, 2, \cdots, m)$ のとき，

$$(k_1 - \ell_1) x_1 + (k_2 - \ell_2) x_2 + \cdots + (k_m - \ell_m) x_m = 0$$

である．x_i が 1 次独立であるとしているから，$k_j = \ell_j \ (j = 1, 2, \cdots, m)$ を得る． ◆

4.2 定係数斉次微分方程式の解法

定係数の2階非斉次線形微分方程式の解法の1つとして，微分演算子に関する方法を述べた（第3章）．ここでは，定係数（$a_j \in \mathbf{R}$; $j = 1, 2, \cdots, n$）をもつn階斉次線形微分方程式

$$x^{(n)} + a_1 x^{(n-1)} + \cdots + a_n x = 0 \tag{4.8}$$

およびその非斉次方程式

$$x^{(n)} + a_1 x^{(n-1)} + \cdots + a_n x = f(t) \tag{4.9}$$

の解法を述べる．関数fは区間$I (\subset \mathbf{R})$上で定義されて連続である．形式的に微分の操作を$\dfrac{d}{dt} = {}' = D$と書き，

$$Dx = \frac{dx}{dt} = x', \quad D^2 x = D(Dx) = \frac{d^2 x}{dt^2} = x^{(2)}, \quad \cdots, \quad D^k x = \frac{d^k x}{dt^k} = x^{(k)}$$

（$k = 1, 2, \cdots, n$）とおくと，斉次式 (4.8) は，次のように表せる：

$$D^n x + a_1 D^{n-1} x + \cdots + a_n x = 0.$$

ここで，$P(D) = D^n + a_1 D^{n-1} + \cdots + a_n$ とおくと

$$P(D)x = \left(\sum_{k=0}^{n} a_k D^{n-k} \right) x = (D^n + a_1 D^{n-1} + \cdots + a_n)x = 0$$

である．ただし，$a_0 = 1$，$D^0 x = x$とする．$P(D)$を**微分演算子**という．$P(D)$における微分操作Dの代わりに，複素数λを書き入れた

$$P(\lambda) = \sum_{k=0}^{n} a_k \lambda^{n-k} = \lambda^n + a_1 \lambda^{n-1} + \cdots + a_n = 0 \tag{4.10}$$

を式 (4.8) の**特性多項式**という．

十分に微分可能な関数xと微分演算子$P = P(D)$，$Q = Q(D)$，$R = R(D)$に対し，和，積が定義でき，また，可換律，結合律，分配律がそれぞれ成り立つ：

4.2 定係数斉次微分方程式の解法

和： $[P(D) + Q(D)]x = P(D)x + Q(D)x$

$(P + Q)x = (Q + P)x$ （可換律）

$[(P + Q) + R]x = [P + (Q + R)]x$ （結合律）

$[P(Q + R)]x = (PQ)x + (PR)x$ （分配律）

積： $[P(D)Q(D)]x = P(D)[Q(D)x]$

$(PQ)x = (QP)x$ （可換律）

$[(PQ)R]x = [P(QR)]x$ （結合律）

次に，重要な公式をまとめる（証明は第3章における公式・定理と同様）．

公式 4.1 任意の複素数を $\lambda = a + ib\,(a, b \in \mathbf{R})$ とするとき，微分演算子 $P(D) = D^n + a_1 D^{n-1} + \cdots + a_n$ と特性多項式 $P(\lambda) = \lambda^n + a_1 \lambda^{n-1} + \cdots + a_n$ に対し，次式が成立する：

$$P(D)e^{\lambda t} = P(\lambda)e^{\lambda t}. \tag{4.11}$$

公式 4.2 式 (4.11) における $P(D)$, $P(\lambda)$ に関して，次のような同値の条件が成り立つ：

$$P(D)e^{\lambda t} = 0 \iff P(\lambda) = 0.$$

したがって，n 階斉次微分方程式 $P(D)x = 0$ の特性多項式 $P(\lambda) = 0$ を解けば，その斉次微分方程式の解が得られる．n 次多項式 $P(\lambda)$ は，「代数学の基本定理」により，n 個の 1 次式 $\lambda - \alpha_k\,(k = 1, 2, \cdots, n)$ の積に因数分解できる：

$$P(\lambda) = (\lambda - \alpha_1)(\lambda - \alpha_2) \cdots (\lambda - \alpha_n) = \prod_{k=1}^{n}(\lambda - \alpha_k). \tag{4.12}$$

今後，微分演算子 $P(D)$ も形式的に因数分解して次のように表す：

$$P(D) = (D - \alpha_1)(D - \alpha_2) \cdots (D - \alpha_n) = \prod_{k=1}^{n}(D - \alpha_k). \tag{4.13}$$

公式 4.3 複素数 $\alpha \in \mathbf{C}$ に対し,次の等式が成り立つ:
$$P(D-\alpha)x = e^{\alpha t}P(D)[e^{-\alpha t}x]. \tag{4.14}$$

定係数の 2 階斉次線形微分方程式 $x'' + ax' + bx = 0$ (a,b は定数) に対する解法と同様な結果が,定係数の n 階斉次線形微分方程式 (4.8) に関しても成り立つ.

本書では,方程式の変数,係数や解の関数の値はすべて実数であることが要請されるが,複素数を導入することにより,解法のために便宜を図っている.例えば,例 4.4 において,n 階斉次線形微分方程式の特性方程式を導き,解の存在範囲を複素数全体に広げることによって,n 次方程式には n 個の解(相異なる実数解,複素解)の存在を保証している.さらに,定理 4.3 では,斉次線形微分方程式の特性方程式(n 次方程式)の解を使い,オイラーの公式 ($e^{i\theta} = \cos\theta + i\sin\theta$;$i$ は虚数単位,θ は実数) を併用しながら斉次線形微分方程式の解を導出している.4.3 および 4.4 節において,オイラーの公式を用いることにより三角関数を複素変数の指数関数に置き換え,実数の場合と同様な指数法則や微分積分公式が成り立つことを利用して,計算の負担を少なくしている.

定係数の n 階斉次線形微分方程式の特性方程式は,代数学の基本定理より,必ず n 個の解を複素数の集合内にもつ.この特性方程式の解を分類する.

(1) 実数解の個数は合計 $n_r\ (\geq 0)$ とする.そのうち相異なる実数解の個数は $m_r\ (\geq 0)$ とする.この相異なる実数解 $\beta_j \in \mathbf{R}$ ($j = 1, 2, \cdots, m_r$) の重複度が p_j のとき,$\sum_{j=1}^{m_r} p_j = n_r$ である.ただし,$m_r = 0$ のときは,$P(\lambda) = 0$ は実数解をもたない.

(2) 互いに共役な複素数解 $a_k \pm ib_k$ ($a_k, b_k \in \mathbf{R}; b_k \neq 0$) が $m_c\ (\geq 0)$ 個ずつあるとする ($k = 1, 2, \cdots, m_c$):

$$\gamma_1 = a_1 + ib_1, \quad \gamma_2 = a_2 + ib_2, \quad \cdots, \quad \gamma_{m_c} = a_{m_c} + ib_{m_c},$$
$$\bar{\gamma}_1 = a_1 - ib_1, \quad \bar{\gamma}_2 = a_2 - ib_2, \quad \cdots, \quad \bar{\gamma}_{m_c} = a_{m_c} - ib_{m_c}.$$

各複素数解 $\gamma_k, \bar{\gamma}_k$ の重複度が q_k ($k=1,2,\cdots,m_c$) のとき,$2\sum_{k=1}^{m_c} q_k = n - n_r$ である.ただし,$m_c = 0$ のときは,$P(\lambda) = 0$ は複素数解をもたない.

このとき,式 $P(\lambda)$ は次のようになる:

$$P(\lambda) = \prod_{j=1}^{n_r} (\lambda - \beta_j)^{p_j} \times \prod_{k=1}^{m_c} [\{\lambda - (a_k + ib_k)\}\{\lambda - (a_k - ib_k)\}]^{q_k}$$

$$= \prod_{j=1}^{n_r} (\lambda - \beta_j)^{p_j} \times \prod_{k=1}^{m_c} \{(\lambda - a_k)^2 + b_k^2\}^{q_k}.$$

定係数の n 階斉次線形微分方程式の解について次の定理が得られる.

定理 4.3 定係数の n 階斉次線形微分方程式の特性多項式は

$$P(\lambda) = \prod_{j=1}^{n_r} (\lambda - \beta_j)^{p_j} \times \prod_{k=1}^{m_c} [\{\lambda - (a_k + ib_k)\}\{\lambda - (a_k - ib_k)\}]^{q_k}$$

であるとする.ここに,

(1) 相異なる実数解 β_j は n_r 個で,重複度は p_j とする ($j=1,2,\cdots,n_r$).

(2) 相異なる複素数解 $a_k \pm ib_k$ ($a_k, b_k \in \mathbf{R}$;$b_k \neq 0$) は m_c 個あり,その重複度は q_k 重解とする ($k=1,2,\cdots,m_c$).

ただし,$\sum_{j=1}^{n_r} p_j + 2\sum_{k=1}^{m_c} q_k = n$ が成り立っている.このとき,定係数の n 階斉次線形微分方程式の**一般解**は,

$$A_j (j=1,2,\cdots,n_r)\ ;\ B_{k,\ell},\ C_{k,\ell} (k=1,2,\cdots,m_c\ ;\ \ell=1,2,\cdots,q_k)$$

を定数とすると,次のように求められる:

$$x(t) = \sum_{j=1}^{n_r} e^{\beta_j t}(A_{j_1} t^{p_j - 1} + A_{j_2} t^{p_j - 2} + \cdots + A_{n_r})$$

$$+ \sum_{k=1}^{m_c} e^{a_k t}(B_{k,1} t^{q_k - 1} + B_{k,2} t^{q_k - 2} + \cdots + B_{k,q_k}) \cos b_k t$$

$$+ \sum_{k=1}^{m_c} e^{a_k t}(C_{k,1} t^{q_k - 1} + C_{k,2} t^{q_k - 2} + \cdots + C_{k,q_k}) \sin b_k t.$$

例 4.5

次の定係数 3 階斉次線形微分方程式を解いてみよう：

$$x''' + 3x'' + 3x' + x = 0.$$

特性方程式は $\lambda^3 + 3\lambda^2 + 3\lambda + 1 = (\lambda+1)^3 = 0$ であり，$\lambda = -1$ は 3 重解である．斉次式の一般解は，A_1, A_2, A_3 を任意定数とすると，次のように得られる：

$$x(t) = e^{-t}(A_1 + A_2 t + A_3 t^2). \quad \blacklozenge$$

例 4.6

次の定係数 3 階斉次線形微分方程式を解いてみよう：

$$x''' - x'' + x' - x = 0.$$

特性方程式は $\lambda^3 - \lambda^2 + \lambda - 1 = (\lambda-1)(\lambda^2+1) = 0$ であり，$\lambda = 1, i, -i$ を得る．斉次式の一般解は，A_1, A_2, A_3 を任意定数とすると，次のように得られる：

$$x(t) = A_1 e^t + A_2 \cos t + A_3 \sin t. \quad \blacklozenge$$

例 4.7

次の定係数 $2n$ 階斉次線形微分方程式を解いてみよう．

$$(D^2 + a^2)^n x = 0 \quad (a \neq 0).$$

特性方程式は $(\lambda^2 + a^2)^n = (\lambda - ia)^n (\lambda + ia)^n = 0$ であり，$\lambda = ia, -ia$ はそれぞれ n 重解である．斉次式の一般解は，$A_k, B_k \ (k=1, 2, \cdots, n-1)$ を任意定数とすると，次のように得られる：

$$x(t) = \sum_{k=1}^{n} A_k t^{n-k} \cos at + \sum_{k=1}^{n} B_k t^{n-k} \sin at. \quad \blacklozenge$$

4.3 定係数非斉次微分方程式の解法

定係数の n 階非斉次線形微分方程式

$$x^{(n)} + a_1 x^{(n-1)} + \cdots + a_n x = f(t) \tag{4.15}$$

に関し，演算子法による解法を述べる．$a_j \in \mathbf{R}\,(j=1,2,\cdots,n)$ で，f は連続関数である．この場合の公式などは，定係数の 2 階非斉次線形微分方程式におけるものと全く同様である (第 3 章参照)．

非斉次式 (4.15) の任意の解に対し，次の事実が成り立つ．証明は，定理 5.7 で述べる．

定理 4.4 定係数 $a_k\,(k=1,2,\cdots,n)$ の n 階斉次線形微分方程式

$$x^{(n)} + a_1 x^{(n-1)} + \cdots + a_n x = 0 \tag{4.16}$$

の一般解を x_0 とする．また，非斉次項 f が区間 $I\,(\subset \mathbf{R})$ 上の実数値の連続関数である非斉次線形微分方程式

$$x^{(n)} + a_1 x^{(n-1)} + \cdots + a_n x = f(t) \tag{4.17}$$

を特定な条件の下 (積分定数を 0 とおくなど) で求める特殊解を y とするとき，式 (4.17) の任意の解 x は次式で与えられる：

$$x = x_0 + y.$$

定係数をもつ非斉次線形微分方程式 (4.17) の特殊解を求めるために，次の公式は重要である．ただし，$P(D) = D^n + a_1 D^{n-1} + \cdots + a_n$ である．

公式 4.4 $\alpha \in \mathbf{C}$ とする．非斉次常微分方程式

$$P(D-\alpha)x = f(t)$$

の特殊解の 1 つは

$$x(t) = \frac{1}{P(D-\alpha)} f = e^{\alpha t} \frac{1}{P(D)} [e^{-\alpha t} f] \tag{4.18}$$

により与えられる．ここで，$\dfrac{1}{P(D-\alpha)}$ は $P(D-\alpha)$ の逆演算を意味する．

例 4.8

次の定係数 3 階非斉次線形微分方程式を解いてみよう：

$$(D-2)^3 x = 1.$$

斉次式 $(D-2)^3 x = 0$ の一般解 x_0 は，

$$x_0 = e^{2t}(A_1 + A_2 t + A_3 t^2) \quad (A_i\,(i=1,2,3)\text{ は積分定数}).$$

次に，非斉次式の特殊解 y を求める．式 (4.18) から，$y = \dfrac{1}{(D-2)^3}1 = e^{2t}\dfrac{1}{D^3}e^{-2t}$ を得る．右辺の 3 重積分を計算して，積分定数はすべてゼロとする特殊解を求めると

$$y = e^{2t}\int^t\int^{s_3}\int^{s_2} e^{-2s_1}\,ds_1 ds_2 ds_3 = \frac{-1}{8}.$$

以上より，任意の解 $x = x_0 + y$ は次のように得られる：

$$x = e^{2t}(A_1 + A_2 t + A_3 t^2) - \frac{1}{8}. \quad \blacklozenge$$

非斉次式 (4.17) の特殊解を求める際，次の等式は便利である（定理 3.4 と同様）．

公式 4.5　(1) $P(D)x = f_1(t) + f_2(t)$ の解について，次の等式が成立する：

$$x(t) = \frac{1}{P(D)}[f_1 + f_2] = \frac{1}{P(D)}f_1 + \frac{1}{P(D)}f_2.$$

(2) $P_1(D)P_2(D)x = f(t)$ の解について，次の等式が成立する：

$$x(t) = \frac{1}{P_1(D)P_2(D)}f = \frac{1}{P_1(D)}\left(\frac{1}{P_2(D)}f\right) = \frac{1}{P_2(D)}\left(\frac{1}{P_1(D)}f\right).$$

いろいろな非斉次項の特殊解

$a_j\,(j=1,2,\cdots,n)$ が定数である定係数非斉次線形微分方程式

$$P(D)x = (D^n + a_1 D^{n-1} + a_2 D^{n-2} + \cdots + a_n)x = f(t)$$

の非斉次項 f が，特に，指数関数，三角関数，多項式，およびそれらの積と和であるときの解法を述べる．

[1]　$P(D)x = e^{\alpha t}$　$(\alpha \in \mathbf{C})$　の場合

公式 4.6　$\alpha \in \mathbf{C}$ とする．定係数の非斉次線形微分方程式
$$P(D)x = e^{\alpha t}$$
の特殊解を (1), (2) に分けて求める．

　(1)　$P(\alpha) \neq 0$ ならば，特殊解の 1 つは $y(t) = \dfrac{e^{\alpha t}}{P(\alpha)}$ である．

　(2)　$P(\alpha) = 0$ ならば，特性多項式は $Q(\lambda)$ を多項式として $P(\lambda) = Q(\lambda)(\lambda - \alpha)^m$ とおける．ただし，Q は $n - m$ 次多項式で $Q(\alpha) \neq 0$ である．このとき，特殊解の 1 つは $y(t) = \dfrac{1}{Q(\alpha)} \dfrac{t^m e^{\alpha t}}{m!}$ である．

【考察】 (1) 関数 $\dfrac{e^{\alpha t}}{P(\alpha)}$ を微分方程式の左辺に代入すると $P(D)\dfrac{e^{\alpha t}}{P(\alpha)} = P(\alpha)\dfrac{e^{\alpha t}}{P(\alpha)} = e^{\alpha t}$ より，$y(t) = \dfrac{e^{\alpha t}}{P(\alpha)}$ は 1 つの特殊解である．

　(2)　積の可換性を保証する公式 4.5 (2) および上記 (1) より，解は
$$x = \dfrac{1}{(D-\alpha)^m Q(D)} e^{\alpha t} = \dfrac{1}{(D-\alpha)^m} \dfrac{e^{\alpha t}}{Q(\alpha)}$$
である．式 (4.18) から，次の式を得る：
$$x = e^{\alpha t} \dfrac{1}{D^m}\left[e^{-\alpha t} \dfrac{e^{\alpha t}}{Q(\alpha)} \right] = \dfrac{e^{\alpha t}}{Q(\alpha)} \int^t \int^{s_m} \cdots \int^{s_3} \int^{s_2} ds_1 ds_2 \cdots ds_{m-1} ds_m.$$
ゆえに，特殊解 $y(t) = \dfrac{1}{Q(\alpha)} \dfrac{t^m e^{\alpha t}}{m!}$ は上式で積分定数をゼロとすれば得られる．　◆

例題 4.3

実数 $a \neq 2$ に対して，$m+1$ 階非斉次線形常微分方程式を解け．
$$(D-2)(D-a)^m x = e^{at}.$$

【解】　斉次式の一般解 x_0 は，A, B_j $(j = 1, 2, \cdots, m)$ を定数として，
$$x_0(t) = A e^{2t} + (B_1 + B_2 t + \cdots + B_m t^{m-1}) e^{at}.$$

非斉次式の特殊解 y は公式 4.6 (2) から，$y(t) = \dfrac{1}{(D-2)(D-a)^m} e^{at} = \dfrac{t^m e^{at}}{(a-2)m!}$ である．ゆえに，任意の解 $x = x_0 + y$ は，次のように得られる：

$$x = Ae^{2t} + (B_1 + B_2 t + \cdots + B_m t^{m-1})e^{at} + \frac{t^m e^{at}}{(a-2)m!}. \quad \blacklozenge$$

[2]　$P(D)x = A e^{kt} \cos at + B e^{\ell t} \sin bt$ （$A, B, a, b, k, \ell \in \mathbf{R}$）の場合

定係数の非斉次線形微分方程式 (E)：$P(D)x = A e^{kt} \cos at + B e^{\ell t} \sin bt$ に関する特殊解は，非斉次項を $A e^{(k+ia)t}$, $B e^{(\ell+ib)t}$ とする微分方程式

$$P(D)z_1 = A e^{(k+ia)t}, \qquad P(D)z_2 = B e^{(\ell+ib)t}$$

を考える．これらの方程式の解 $z_1(t), z_2(t)$ から $y_1(t) = \mathrm{Re}(z_1(t))$, $y_2(t) = \mathrm{Im}(z_2(t))$ を求めると，(E) の特殊解は $x = y_1 + y_2$ で与えられる．

例題 4.4

非斉次微分方程式 $x''' - 2x'' + 5x' = e^t \sin 2t$ を解け．

【解】斉次式の特性方程式 $P(\lambda) = \lambda\{\lambda - (1+2i)\}\{\lambda - (1-2i)\} = 0$ より，$\lambda = 0, 1+2i, 1-2i$ である．したがって，斉次式の一般解は

$$x_0 = A + e^t(B\cos 2t + C\sin 2t) \quad （A, B, C \text{ は任意定数}）.$$

非斉次式の特殊解 y は，次の複素数値微分方程式 $(D^3 - 2D^2 + 5D)z = e^{(1+2i)t}$ の解 z の虚部をとればよい．公式 4.6 (2) から，$z = \dfrac{t e^{(1+2i)t}}{(1+2i)4i}$ より

$$y = \mathrm{Im}(z) = -\frac{t e^t}{20}(\cos 2t + 2\sin 2t).$$

ゆえに，任意の解 x は次のように得られる：

$$x = x_0 + y = A + e^t(B\cos 2t + C\sin 2t) - \frac{t e^t}{20}(\cos 2t + 2\sin 2t). \quad \blacklozenge$$

[3] $P(D)x = t^k \, (k = 0, 1, 2, \cdots)$ の場合

線形微分方程式の非斉次項が多項式のとき，次の公式が便利である．

公式 4.7 定係数の n 階非斉次線形微分方程式
$$P(D)x = t^k$$
において，k は非負の整数とする．微分演算子が $P(D) = Q(D) + a_n$ と表されたとする．ただし，$a_n \neq 0$ は定数項，$Q(D)$ は定数項を含まないとする．このとき，微分方程式の特殊解 y の 1 つは，次のように与えられる：
$$y(t) = \frac{1}{a_n}\left[1 + \frac{-Q(D)}{a_n} + \left(\frac{-Q(D)}{a_n}\right)^2 + \cdots + \left(\frac{-Q(D)}{a_n}\right)^k\right] t^k.$$

【考察】 $a_n \neq 0$ より，$P = a_n\left(1 - \dfrac{-Q}{a_n}\right)$ から，形式的に
$$\frac{1}{P}t^k = \frac{1}{a_n}\left[1 + \frac{-Q}{a_n} + \left(\frac{-Q}{a_n}\right)^2 + \cdots\right] t^k$$
である．ここでマクローリン展開 $(1-\alpha)^{-1} = 1 + \alpha + \alpha^2 + \cdots \, (|\alpha| < 1)$ を用いた．また，$D^k t^k = k!$ であるから $\left(\dfrac{-Q}{a_n}\right)^{k+j} t^k = 0 \, (j \geq 1)$ となる．ゆえに，次の公式を得る：
$$y = \frac{1}{P(D)}t^k = \frac{1}{a_n}\left[1 + \frac{-Q(D)}{a_n} + \left(\frac{-Q(D)}{a_n}\right)^2 + \cdots + \left(\frac{-Q(D)}{a_n}\right)^k\right] t^k. \quad \blacklozenge$$

例題 4.5

非斉次微分方程式 $(D+1)^3 x = t^2$ を解け．

【解】 斉次式の特性方程式 $P(\lambda) = (\lambda+1)^3 = 0$ より，$\lambda = -1$（3 重解）であるから，斉次式の一般解は
$$x_0 = (A + Bt + Ct^2)e^{-t} \qquad (A, B, C \text{ は定数}).$$
非斉次式の特殊解 y は
$$y = \frac{1}{(D+1)^3}t^2 = \frac{1}{1 - (-3D - 3D^2 - D^3)}t^2$$
$$= [1 + (-3D - 3D^2 - D^3) + (-3D - 3D^2 - D^3)^2 + \cdots]t^2 = t^2 - 6t + 12$$

となる．したがって，非斉次式の任意の解 x は次のように得られる：

$$x = x_0 + y = (A + Bt + Ct^2)e^{-t} + t^2 - 6t + 12. \quad \blacklozenge$$

特性多項式 $P(\lambda)$ の定数項が 0 のときは，次のように解けばよい．

例題 4.6

3 階非斉次線形微分方程式 $x''' + x'' = t^2$ を解け．

【解】 斉次式の特性方程式 $P(\lambda) = \lambda^2(\lambda + 1) = 0$ より，$\lambda = 0, 0, -1$ であるから，斉次式の一般解 x_0 は

$$x_0 = A + Bt + Ce^{-t} \quad (A, B, C \text{ は定数}).$$

非斉次式の特殊解 y を求めるために，$z = y''$ とおくと，非斉次式は

$$Dz + z = t^2$$

となる．したがって，その特殊解 z は

$$z = \frac{1}{1 - (-D)} t^2 = [1 + (-D) + (-D)^2] t^2 = t^2 - 2t + 2$$

である．したがって，積分定数を 0 とした特殊解 y として，

$$y(t) = \int^t \int^r z(s) \, ds dr = \frac{t^4}{12} - \frac{t^3}{3} + t^2$$

を得る．以上より，非斉次式の任意の解 x は次のように得られる：

$$x = x_0 + y = A + Bt + Ce^{-t} + \frac{t^4}{12} - \frac{t^3}{3} + t^2. \quad \blacklozenge$$

[4] $P(D)x = t^k e^{at} \sin bt \; (a, b \in \mathbf{R}, \; k = 0, 1, \cdots)$ **の場合**

非斉次式 $P(D)x = f$ の非斉次項 f が，多項式や三角関数および指数関数の和と積の場合に対する解法例を述べる．

例題 4.7

非斉次微分方程式 $(D-1)(D-2)(D-3)x = t^2 e^{2t} \sin t$ を解け.

【解】 斉次式の特性方程式 $P(\lambda) = (\lambda-1)(\lambda-2)(\lambda-3) = 0$ より，$\lambda = 1, 2, 3$ である．よって，斉次式の一般解 x_0 は

$$x_0(t) = A\,e^t + B\,e^{2t} + C\,e^{3t} \quad (A, B, C \text{ は定数}).$$

非斉次式の特殊解 $y = \dfrac{1}{P(D)}(t^2 e^{2t} \sin t)$ を求めるためには，$z = \dfrac{1}{P(D)}(t^2 e^{t(2+i)})$ を解き，虚部をとればよい．公式 4.4 より，

$$\frac{1}{P(D)}(t^2 e^{t(2+i)}) = e^{t(2+i)} \frac{1}{P(D+2+i)} t^2$$

である．公式 4.7 を用いると

$$\frac{1}{P(D+2+i)} t^2 = \frac{1}{(D+1+i)(D+i)(D-1+i)} t^2 = \frac{-1}{2i} \frac{1}{1 - \dfrac{-4D + 3iD^2 + D^3}{2i}} t^2$$

$$= \frac{-1}{2i} \left[1 + \frac{-4D + 3iD^2 + D^3}{2i} + \left(\frac{-4D + 3iD^2 + D^3}{2i}\right)^2 + \cdots \right] t^2$$

$$= -2t + \frac{i(t^2 - 5)}{2}$$

であるから，

$$z = e^{(2+i)t} \left(-2t + \frac{i(t^2 - 5)}{2} \right)$$

$$= e^{2t} \left[-2t \cos t - \frac{t^2 - 5}{2} \sin t + i\left(-2t \sin t + \frac{t^2 - 5}{2} \cos t \right) \right]$$

を得る．したがって，特殊解 y は

$$y = \operatorname{Im}(z) = e^{2t} \left(-2t \sin t + \frac{t^2 - 5}{2} \cos t \right)$$

である．以上より，非斉次式の任意の解 x は次のように得られる：

$$x = x_0 + y = A\,e^t + B\,e^{2t} + C\,e^{3t} + e^{2t}\left(-2t \sin t + \frac{t^2 - 5}{2} \cos t \right). \quad \blacklozenge$$

問題 4.1 次の微分方程式を解け.

(1) $(D-\alpha)^n x = 0 \quad (\alpha \in \mathbf{C})$ 　　(2) $(D-\alpha_1)(D-\alpha_2)(D-\alpha_3)x = 0$

(3) $((D-c)^2 + d^2)((D-a)^2 + b^2)x = 0$

　　$(a, b, c, d \in \mathbf{R},\ bd \neq 0,\ $かつ,「$a \neq c$ または $b \neq d$」$)$

(4) $((D-a) + ib)^2((D-a) - ib)^2 x = 0$

(5) $(D-\alpha)^n x = f(t)$ 　　(6) $x''' - x' = e^t + e^{2t}$

(7) $(D^3 + 1)^2 x = t^3$ 　　(8) $x''' + x'' = t^2$

(9) $(D-1)(D-2)(D-3)x = t\sin t$ 　　(10) $(D-1)^n x = t^2 e^{3t}$

(11) $(D-1)^3 x = \cos 2t + t\sin t$ 　　(12) $(D^3 + D^2 + 4D + 4)x = \cos 2t$

参考（高階線形常微分方程式の階数低下法）

変係数の高階非斉次線形常微分方程式を解く一般的な方法はない．ここでは，階数低下法によって解ける例を述べよう．次の問 (1) – (3) で示すように，3 階非斉次線形微分方程式 (E_1): $x''' + a(t)x'' + b(t)x' + c(t)x = f(t)$ の斉次式が解 $x(t) \neq 0$ をもつことがわかっているとき，定数変化法により 2 階 非斉次式に帰着させて任意解を求める．

(1) 関数 A は微分可能として，(E_1) は $y(t) = A(t)x(t)$ なる解をもつとする．このとき，A は次の 3 階微分方程式をみたすことを示せ ($x(t)$ は既知である)：

(E_2): $\quad x(t)A''' + [3x'(t) + a(t)x(t)]A'' + [3x''(t) + 2a(t)x'(t) + b(t)x(t)]A' = f(t).$

(2) 上記の (E_2) に関し，$u(t) = A'(t)$ とおくとき，次の 2 階非斉次線形常微分方程式を導け：

$$u'' + \left[3\frac{x'(t)}{x(t)} + a(t)\right]u' + \left[\frac{3x''(t) + 2a(t)x'(t)}{x(t)} + b(t)\right]u = \frac{f(t)}{x(t)}.$$

(3) (1) – (2) で述べた方法を参考にして，変係数の微分方程式

$$x''' + \frac{1-3t}{t}x'' + \frac{3t^2 - 2t - 1}{t^2}x' + \frac{1+t-t^2}{t^2}x = \frac{e^t}{t^2} \quad (t > 0)$$

の斉次式は関数 $x = e^t$ を解にもつことを示し，階数低下法によって任意の解を求めよ．

答：$x = e^t(At^2 + B\log t + C - t)$.

第 5 章　連立線形常微分方程式

連立線形常微分方程式は，単独の高階常微分方程式や未知関数（状態変数）が2個以上ある場合のシステムを解析するときに現れる．一般の連立微分方程式 $\boldsymbol{x}' = \boldsymbol{f}(t, \boldsymbol{x})$ において，$\boldsymbol{f}$ が $\boldsymbol{f}(t, \boldsymbol{x}) = A(t)\boldsymbol{x} + \boldsymbol{b}(t)$ のように，$\boldsymbol{x}$ について1次式の場合に関する解法を述べる．その解法は，前章までに述べた単独の高階線形常微分方程式の解法と同様なアイデアに基づいている．

5.1　基本解系

5.1.1　高階線形微分方程式から1階連立線形方程式へ

前章で扱った高階線形常微分方程式を1階連立線形方程式に変換することができる．単独の変係数 n 階線形常微分方程式

$$x^{(n)} + a_1(t)x^{(n-1)} + a_2(t)x^{(n-2)} + \cdots + a_n(t)x = f(t) \tag{5.1}$$

において $(a_1(t), a_2(t), \cdots, a_n(t)$ は実数値関数)，$x_1(t) = x(t)$, $x_k(t) = x^{(k-1)}(t)$ ($k = 1, 2, \cdots, n$) とおくと，この置き換えと方程式 (5.1) より

$$\begin{cases} x_1'(t) = x'(t) = x_2(t), \\ x_2'(t) = x''(t) = x_3(t), \\ \quad\vdots \\ x_n'(t) = -a_1(t)x_{n-1} - a_2(t)x_{n-2} - \cdots - a_n(t)x_1 + f(t) \end{cases}$$

を得る．これは $x_1, x_2, \cdots, x_n$ についての n 元連立（1階微分）方程式であり，

$$\begin{pmatrix} x_1'(t) \\ x_2'(t) \\ \vdots \\ x_n'(t) \end{pmatrix} = \begin{pmatrix} x_2(t) \\ x_3(t) \\ \vdots \\ -a_1(t)x_{n-1} - a_2(t)x_{n-2} - \cdots - a_n(t)x_1 + f(t) \end{pmatrix}$$

のように行列を用いて表すことができる．さらに，ベクトル $\boldsymbol{x} = (x_1, x_2, \cdots, x_n)^T$, $\boldsymbol{x}' = (x_1', x_2', \cdots, x_n')^T$, $\boldsymbol{f}(t) = (0, 0, \cdots, 0, f(t))^T$ および行列

$$A(t) = \begin{pmatrix} 0 & 1 & 0 & \cdots & 0 \\ 0 & 0 & 1 & \cdots & 0 \\ \vdots & \vdots & \vdots & \ddots & \vdots \\ 0 & 0 & 0 & \cdots & 1 \\ -a_n(t) & -a_{n-1}(t) & \cdots & -a_2(t) & -a_1(t) \end{pmatrix}$$

を用いると，n 階線形微分方程式(5.1)は，次のようなベクトル表示の **1 階連立非斉次線形微分方程式** に帰着される:

$$\boldsymbol{x}' = A(t)\boldsymbol{x}(t) + \boldsymbol{f}(t). \tag{5.2}$$

関数 $\boldsymbol{f}$ が非斉次項である．$\boldsymbol{f}(t) \equiv \boldsymbol{0}$（任意の t につき恒等的に 0）のとき,

$$\boldsymbol{x}' = A(t)\boldsymbol{x}(t) \tag{5.3}$$

を **連立斉次線形微分方程式** という．この考え方を逆にたどることで，定係数の連立線形微分方程式は単独の定係数高階線形微分方程式に変換することができる．この解は第 4 章で述べた方法で求められる．しかし，変係数の場合，例えば

$$x_1' = a_1(t)x_1 + a_2(t)x_2 + f_1(t), \quad x_2' = b_1(t)x_1 + b_2(t)x_2 + f_2(t)$$

において，関数 $a_i, b_i, f_i\ (i = 1, 2)$ が微分不可能であれば，単独の高階線形微分方程式に帰着するのは容易でない．

例 5.1

次の定係数の連立線形微分方程式を解いてみよう:

$$\begin{pmatrix} x_1' \\ x_2' \\ x_3' \\ x_4' \end{pmatrix} = \begin{pmatrix} 0 & 1 & 0 & 0 \\ 0 & 0 & 1 & 0 \\ 0 & 0 & 0 & 1 \\ 0 & 0 & -2 & 0 \end{pmatrix} \begin{pmatrix} x_1 \\ x_2 \\ x_3 \\ x_4 \end{pmatrix}.$$

微分方程式を成分で表示すると，$x_1' = x_2,\ x_2' = x_3,\ x_3' = x_4,\ x_4' = -2x_3$ となる．これらを x_1 についてまとめると次の高階方程式

$$x_1^{(4)} + 2x_1'' = 0$$

を得る.その特性方程式 $P(\lambda) = \lambda^4 + 2\lambda^2 = 0$ より, $\lambda = 0, 0, i\sqrt{2}, -i\sqrt{2}$ である.ゆえに,c_k ($k = 1, 2, 3, 4$) を積分定数として,その一般解は

$$x_1(t) = c_1 + c_2 t + c_3 \cos \sqrt{2} t + c_4 \sin \sqrt{2} t$$

である.したがって,ベクトル値関数の解は次のように得られる:

$$\boldsymbol{x}(t) = \begin{pmatrix} x_1 \\ x_2 \\ x_3 \\ x_4 \end{pmatrix} = \begin{pmatrix} c_1 + c_2 t + c_3 \cos \sqrt{2} t + c_4 \sin \sqrt{2} t \\ c_2 - \sqrt{2} c_3 \sin \sqrt{2} t + \sqrt{2} c_4 \cos \sqrt{2} t \\ -2 c_3 \cos \sqrt{2} t - 2 c_4 \sin \sqrt{2} t \\ 2\sqrt{2} c_3 \sin \sqrt{2} t - 2\sqrt{2} c_4 \cos \sqrt{2} t \end{pmatrix}. \blacklozenge$$

5.1.2 解ベクトル空間

ベクトル $\boldsymbol{x} \in \mathbf{R}^n$ に関する連立線形常微分方程式

$$\boldsymbol{x}' = A(t)\boldsymbol{x} \tag{5.4}$$

における解の性質について述べる.解の集合はベクトル空間であり,1次独立な解は n 個である.本質的な内容は,第3章の2階線形常微分方程式,第4章の高階線形常微分方程式で述べた議論と同様である.

n 次正方行列の関数 $A(t) = (a_{k\ell}(t))$ は区間 $I \subset \mathbf{R}$ 上で**連続**とする.すなわち,第 k 行第 ℓ 列成分 $a_{k\ell}(t)$ ($k, \ell = 1, 2, \cdots, n$) は I 上の連続関数である.$A(t)$ が**微分可能**,C^k **級**,**積分可能**であるとは,すべての成分 $a_{k\ell}(t)$ が 微分可能,C^k 級,積分可能であることによって定義される.

第3, 4章の議論と同様にして,実数の区間 I 上で定義される $\mathbf{R}^n$ 値の連続関数の全体 $C(I)$ はベクトル空間 (線形空間) である.

$\mathbf{R}^n$ 値関数 $\boldsymbol{f}, \boldsymbol{g} \in C(I)$ とスカラー $k, \ell \in \mathbf{R}$ に対し,$k\boldsymbol{f} + \ell\boldsymbol{g} \in C(I)$ を **1次結合** (線形結合) という.ベクトル空間 $C(I)$ の部分集合 M において,M の任意の1次結合が M の元ならば,M は $C(I)$ の**部分空間**という.

部分空間 M における m 個の $\mathbf{R}^n$ 値関数 $\boldsymbol{x}_1, \boldsymbol{x}_2, \cdots, \boldsymbol{x}_m \in M$ が，**1次独立**（**線形独立**）であるとは，次のことが成り立つことである：

$c_1, c_2, \cdots, c_m$ は実数として，任意の $t \in I$ に対して
$$c_1 \boldsymbol{x}_1(t) + c_2 \boldsymbol{x}_2(t) + \cdots + c_m \boldsymbol{x}_m(t) \equiv \mathbf{0} \iff c_1 = c_2 = \cdots = c_m = 0.$$

1次独立でないとき，**1次従属**（**線形従属**）であるという．部分空間 M のベクトル $\boldsymbol{x}_1, \boldsymbol{x}_2, \cdots, \boldsymbol{x}_m \in M$ が M の**基底**であるとは，次の性質 (i), (ii) がみたされるときをいう．

 (i) $\boldsymbol{x}_1, \boldsymbol{x}_2, \cdots, \boldsymbol{x}_m$ は1次独立である．

 (ii) 任意の $\boldsymbol{y} \in M$ は，$\boldsymbol{x}_1, \boldsymbol{x}_2, \cdots, \boldsymbol{x}_m$ の1次結合で表現される：
$$\boldsymbol{y} = c_1 \boldsymbol{x}_1 + c_2 \boldsymbol{x}_2 + \cdots + c_m \boldsymbol{x}_m \quad (c_j \in \mathbf{R} \; ; \; j = 1, 2, \cdots, m).$$

ベクトル空間 M が，n 個からなる基底をもち，M には $n+1$ 個以上の1次独立なベクトルが存在しないとき，このベクトル空間を n **次元空間**という．

集合 V は，n 元連立線形常微分方程式 $\boldsymbol{x}' = A(t)\boldsymbol{x}$ の解の全体とする．ただし A は，I 上で連続な n 次正方行列である．このとき，V は $C(I)$ の部分空間である．実際，$\boldsymbol{x}, \boldsymbol{y} \in V$ ならば，解より，$\boldsymbol{x}' = A(t)\boldsymbol{x}$, $\boldsymbol{y}' = A(t)\boldsymbol{y}$ である．1次結合 $k\boldsymbol{x} + \ell\boldsymbol{y}$ は，また V の元となる．なぜなら，
$$(k\boldsymbol{x} + \ell\boldsymbol{y})' = kA(t)\boldsymbol{x} + \ell A(t)\boldsymbol{y} = A(t)[k\boldsymbol{x} + \ell\boldsymbol{y}]$$

が成り立つ．ゆえに，V はベクトル空間 $C(I)$ の部分空間である．

ベクトル空間において，1次独立性を判定することは重要である．そのために，単独の2階や高階線形常微分方程式の章で扱ったようにロンスキアンを考える．

区間 I 上で定義される連続なベクトル値連続関数 $\boldsymbol{x}_1, \boldsymbol{x}_2, \cdots, \boldsymbol{x}_n$ の**ロンスキアン**（**ロンスキー行列式**）とは，
$$W[\boldsymbol{x}_1, \boldsymbol{x}_2, \cdots, \boldsymbol{x}_n](t) = \det(\boldsymbol{x}_1(t), \boldsymbol{x}_2(t), \cdots, \boldsymbol{x}_n(t))$$

をいう．今後，$W[\boldsymbol{x}_1, \boldsymbol{x}_2, \cdots, \boldsymbol{x}_n](t)$ を単に $W(t)$ と書く．

ロンスキアン W を微分すると，線形微分方程式が得られ，その関係式から1次独立解の判定ができる．

定理 5.1 式 (5.4) の n 個の解 $\boldsymbol{x}_1, \boldsymbol{x}_2, \cdots, \boldsymbol{x}_n \in V$ に関するロンスキアン W は，次の式をみたす．
$$W(t) = W(t_0) e^{-\int_{t_0}^{t} \mathrm{tr} A(s) ds} \quad (t, t_0 \in I) \quad (\textbf{アーベルの公式}).$$
ただし，行列 $A(t) = (a_{k\ell}(t))$ に対して，$\mathrm{tr} A(t) = \displaystyle\sum_{k=1}^{n} a_{kk}(t)$ を**トレース**という．
さらに，連立線形常微分方程式 (5.4) の解 $\boldsymbol{x}_1, \boldsymbol{x}_2, \cdots, \boldsymbol{x}_n \in V$ は，1次独立性と1次従属性に関して次のように判定できる．

(i) 解 $\boldsymbol{x}_1, \boldsymbol{x}_2, \cdots, \boldsymbol{x}_n \in V$ は1次独立
$\iff$ ある $t_0 \in I$ について，$W(t_0) \neq 0$ が成り立つ．

(ii) 解 $\boldsymbol{x}_1, \boldsymbol{x}_2, \cdots, \boldsymbol{x}_n \in V$ は1次従属
$\iff$ ある $t_0 \in I$ について，$W(t_0) = 0$ が成り立つ．

ロンスキアン W の等式（Abel の公式）は，線形代数の定理を用いて証明ができる．(i), (ii) に関しては，前章の定理 4.2 と同様に示される．

以上の定理を用いると，ベクトル空間 V の基底に関する情報が得られる．

例 5.2

n 元連立線形常微分方程式 (5.4) は，n 個の1次独立な解をもつことを示そう．
時刻 $t_0 \in I$ を固定し，n 個の初期条件
$$\boldsymbol{x}_1(t_0) = \boldsymbol{e}_1, \quad \boldsymbol{x}_2(t_0) = \boldsymbol{e}_2, \quad \cdots, \quad \boldsymbol{x}_n(t_0) = \boldsymbol{e}_n$$
に対する解をそれぞれ，$\boldsymbol{x}_1(t), \boldsymbol{x}_2(t), \cdots, \boldsymbol{x}_n(t)$ とする．ただし $\boldsymbol{e}_j \in \mathbf{R}^n$ $(j = 1, 2, \cdots, n)$ は標準基底である．そのロンスキアンは
$$W(t) = W(t_0) e^{-\int_{t_0}^{t} \mathrm{tr} A(s) ds} = e^{-\int_{t_0}^{t} \mathrm{tr} A(s) ds} \neq 0$$
である（I を単位行列として，$W(t_0) = \det I = 1$）．ゆえに，解 $\boldsymbol{x}_1(t), \boldsymbol{x}_2(t), \cdots, \boldsymbol{x}_n(t) \in V$ は1次独立である．◆

定理 5.2 n 元連立線形常微分方程式 (5.4) の解の全体の集合を V で表すと，V は n 次元線形空間である．

【考察】 例 5.2 より，V には n 個の 1 次独立解が存在する．それらを $\boldsymbol{x}_1, \boldsymbol{x}_2, \cdots, \boldsymbol{x}_n \in V$ とする．V にはさらに，$n+1$ 個目の 1 次独立解 $\boldsymbol{x}_{n+1} \in V$ が存在すると仮定しよう．このとき，$c_k\,(k=1,2,\cdots,n+1)$ は実数として，恒等的に

$$c_1 \boldsymbol{x}_1(t) + c_2 \boldsymbol{x}_2(t) + \cdots + c_{n+1} \boldsymbol{x}_{n+1}(t) \equiv \boldsymbol{0} \qquad (t \in I)$$

とする．$n+1$ 個の解は 1 次独立であるから，$c_k = 0\,(k=1,2,\cdots,n+1)$ のはずである．しかし，$t = t_0 \in I$ を固定すると，n 次元ベクトル空間 $\mathbf{R}^n$ には，$n+1$ 個の 1 次独立なベクトル

$$\boldsymbol{x}_1(t_0), \boldsymbol{x}_2(t_0), \cdots, \boldsymbol{x}_{n+1}(t_0) \in \mathbf{R}^n$$

が存在することになる．これは矛盾であるから，V には n 個の 1 次独立解しか存在しない．よって，$\boldsymbol{x}_1, \boldsymbol{x}_2, \cdots, \boldsymbol{x}_n \in V$ は V の基底であるから，V は n 次元ベクトル空間である．◆

上の定理から，n 階斉次線形微分方程式の解空間は n 次元ベクトル空間であることが導かれる．

定理 5.3 連続関数 $a_j\,(j=1,2,\cdots,n)$ を係数とする n 階斉次線形微分方程式

$$x^{(n)} + a_1(t) x^{(n-1)} + \cdots + a_n(t) x = 0 \tag{5.5}$$

の解全体 V_n はベクトル空間であり，定理 5.2 から，V_n は n 次元であることが示される．すなわち，

$$\dim V_n = n.$$

【考察】 変換

$$x_1 = x,\quad x_2 = x',\quad \cdots,\quad x_n = x^{(n-1)} \tag{5.6}$$

より，式 (5.5) は n 元 1 階連立微分方程式 $\boldsymbol{x}' = A(t)\boldsymbol{x}$, $\boldsymbol{x} = (x_1, x_2, \cdots, x_n)^T$ に帰着される．ただし，行列 A は n 次正方行列である．すなわち，n 階斉次線形常微分方程式の解 x は，変換 (5.6) によって得られる n 次元ベクトルの連立斉次線形常微分方程式の解 $\boldsymbol{x}$ における第 1 成分である．この解 $\boldsymbol{x}$ のベクトル空間 V は定理 5.2 により n 次元であることから，V_n も n 次元ベクトル空間であることが示される． ◆

5.1.3 斉次方程式の解法と基本行列

n 元 1 階連立斉次線形常微分方程式

$$\boldsymbol{x}' = A(t)\boldsymbol{x} \tag{5.7}$$

における 1 次独立解 $\boldsymbol{x}_1, \boldsymbol{x}_2, \cdots, \boldsymbol{x}_n \in V$ を式 (5.7) の**基本解系**という．すなわち，$\boldsymbol{x}_k \in V\ (k = 1, 2, \cdots, n)$ について，

$$\text{基本解} \iff \text{1 次独立な解}$$

である．基本解のベクトル値関数 $\boldsymbol{x}_1, \boldsymbol{x}_2, \cdots, \boldsymbol{x}_n \in V$ を並べてできる n 次正方行列を**基本行列**といい，次のように X で表す：

$$X(t) = (\boldsymbol{x}_1(t), \boldsymbol{x}_2(t), \cdots, \boldsymbol{x}_n(t)).$$

基本解 $\boldsymbol{x}_1, \boldsymbol{x}_2, \cdots, \boldsymbol{x}_n$ の基本行列 $X = (\boldsymbol{x}_1, \boldsymbol{x}_2, \cdots, \boldsymbol{x}_n)$ の行列式は，ロンスキアンであるから，

$$\det X(t) = W[\boldsymbol{x}_1, \boldsymbol{x}_2, \cdots, \boldsymbol{x}_n](t) \qquad (t \in I)$$

である．ただし，区間 I は，斉次方程式 (5.7) における行列 $A(t)$ の定義域である．しかも，$\boldsymbol{x}_1, \boldsymbol{x}_2, \cdots, \boldsymbol{x}_n$ に関する 1 次独立性から $\det X(t) = W(t) \neq 0\ (t \in I)$ である．

以上から，基本行列が求められる場合は，次のように線形常微分方程式は解ける．

定理 5.4 n 次元正方行列 $A(t)$ は，区間 I 上で連続とする．連立斉次線形常微分方程式 $\boldsymbol{x}' = A(t)\boldsymbol{x}$ の1つの基本行列を X とする．ベクトル $\boldsymbol{c} \in \mathbf{R}^n$ を用いて，次の式は解の1つである：

$$\boldsymbol{x}(t) = X(t)\boldsymbol{c} \quad (t \in I). \tag{5.8}$$

さらに，初期条件 $\boldsymbol{x}(t_0) = \boldsymbol{a}$（$t_0 \in I$）をみたす初期値問題の解はただ1つ存在して，次のように表される：

$$\boldsymbol{x}(t) = X(t)X^{-1}(t_0)\boldsymbol{a} \quad (t \in I). \tag{5.9}$$

ここで，X^{-1} は X の逆行列である．逆行列の存在は例題 5.1 によって保証されている．なお，逆行列の求め方は線形代数のテキストを参照されたい．

【考察】 式 (5.8) を微分すると，$t \in I$ に対して

$$\begin{aligned}
\boldsymbol{x}'(t) = (X(t)\boldsymbol{c})' &= X'(t)\boldsymbol{c} = (\boldsymbol{x}'_1(t), \boldsymbol{x}'_2(t), \cdots, \boldsymbol{x}'_n(t))\boldsymbol{c} \\
&= (A(t)\boldsymbol{x}_1(t), A(t)\boldsymbol{x}_2(t), \cdots, A(t)\boldsymbol{x}_n(t))\boldsymbol{c} \\
&= A(t)(\boldsymbol{x}_1(t), \boldsymbol{x}_2(t), \cdots, \boldsymbol{x}_n(t))\boldsymbol{c} \\
&= A(t)\boldsymbol{x}(t)
\end{aligned}$$

が成り立つ．式 (5.9) が，微分方程式をみたすことは，上と同様に示される．また，

$$\boldsymbol{x}(t_0) = X(t_0)X^{-1}(t_0)\boldsymbol{a} = \boldsymbol{a}$$

より，式 (5.9) は初期条件をみたしている．一意性については，第8章の連立常微分方程式の初期値問題で詳しく述べる．◆

例 5.3

次の連立斉次線形常微分方程式を解いてみよう（ω は正の定数）．

$$\begin{pmatrix} x'(t) \\ y'(t) \end{pmatrix} = \begin{pmatrix} \omega y(t) \\ -\omega x(t) \end{pmatrix}, \quad \text{初期条件}: \begin{pmatrix} x(a) \\ y(a) \end{pmatrix} = \begin{pmatrix} b_1 \\ b_2 \end{pmatrix}.$$

微分方程式の第1行を微分して，2階線形微分方程式 $x'' = \omega y' = -\omega^2 x$ を得る．この式の特性方程式 $P(\lambda) = \lambda^2 + \omega^2 = 0$ より，$\lambda = \pm i\omega$ である．ゆえに，x の任意の解は，

$$x = A\cos\omega t + B\sin\omega t \quad (A, B は任意定数).$$

および，

$$y = \frac{x'}{\omega} = -A\sin\omega t + B\cos\omega t$$

である．連立させて，

$$\begin{pmatrix} x \\ y \end{pmatrix} = \begin{pmatrix} \cos\omega t & \sin\omega t \\ -\sin\omega t & \cos\omega t \end{pmatrix} \begin{pmatrix} A \\ B \end{pmatrix}$$

より，基本解は $(\cos\omega t, -\sin\omega t)^T$, $(\sin\omega t, \cos\omega t)^T$ である．また，基本行列は，

$$X(t) = \begin{pmatrix} \cos\omega t & \sin\omega t \\ -\sin\omega t & \cos\omega t \end{pmatrix}$$

となるから，初期条件をみたす解は次のように得られる：

$$\begin{pmatrix} x \\ y \end{pmatrix} = X(t)X^{-1}(a)\begin{pmatrix} b_1 \\ b_2 \end{pmatrix} = \begin{pmatrix} b_1\cos\omega(t-a) + b_2\sin\omega(t-a) \\ -b_1\sin\omega(t-a) + b_2\cos\omega(t-a) \end{pmatrix}. \quad \blacklozenge$$

例題 5.1

基本行列 X は，斉次線形方程式の1次独立解 $\boldsymbol{x}_1, \boldsymbol{x}_2, \cdots, \boldsymbol{x}_n \in V$ から構成され，$X(t) = (\boldsymbol{x}_1(t), \boldsymbol{x}_2(t), \cdots, \boldsymbol{x}_n(t))$ と表される．このとき，任意の $t_0 \in I$ に対し，$X(t_0)$ には次のような逆行列 $X^{-1}(t_0)$ が存在することを示せ（I は単位行列）．

$$X(t_0)X^{-1}(t_0) = X^{-1}(t_0)X(t_0) = I \quad (t_0 \in I).$$

【考察】 $\boldsymbol{c} = (c_1, c_2, \cdots, c_n)^T$ として $X(t_0)\boldsymbol{c} = \boldsymbol{0}$ とおく．よって，

$$\boldsymbol{x}_1(t_0)c_1 + \boldsymbol{x}_2(t_0)c_2 + \cdots + \boldsymbol{x}_n(t_0)c_n = \boldsymbol{0}$$

より，このとき，$\boldsymbol{x}_1(t_0), \boldsymbol{x}_2(t_0), \cdots, \boldsymbol{x}_n(t_0) \in \mathbf{R}^n$ の1次独立性から，$c_k = 0$ ($k = 1, 2, \cdots, n$) を得る．すなわち，$X(t_0)\boldsymbol{c} = \boldsymbol{0}$ をみたすのは $\boldsymbol{c} = \boldsymbol{0}$ に限ることから，$X^{-1}(t_0)$ が存在する．よって，結論の式も成立する． $\blacklozenge$

例題 5.2

定係数の 2 階連立微分方程式 $x'' + x + y = 0$, $x + y'' + y = 0$ を解け.

【解】 連立微分方程式は

$$(D^2 + 1)x + y = 0, \qquad x + (D^2 + 1)y = 0$$

と書ける. 第 1 式から $(D^2+1)^2 x + (D^2+1)y = 0$. これと第 2 式から y を消去すると, x についての方程式 $(D^2+1)^2 x - x = 0$ を得る. この式の特性方程式 $P(\lambda) = (\lambda^2+1)^2 - 1 = 0$ より, $\lambda = 0$ (2 重解), $\pm i\sqrt{2}$ となる. したがって, x の一般解は

$$x(t) = c_1 + c_2 t + c_3 \cos\sqrt{2}t + c_4 \sin\sqrt{2}t \qquad (c_1, c_2, c_3, c_4 \text{ は任意定数})$$

のように得られる. また, $y = -(D^2+1)x$ から, y の一般解が次のように得られる:

$$y(t) = -c_1 - c_2 t + c_3 \cos\sqrt{2}t + c_4 \sin\sqrt{2}t. \qquad \blacklozenge$$

問題 5.1 次の連立線形微分方程式を解け.

(1) $\begin{pmatrix} x' \\ y' \\ z' \end{pmatrix} = \begin{pmatrix} 0 & 1 & 1 \\ 1 & 0 & 1 \\ 1 & 1 & 0 \end{pmatrix} \begin{pmatrix} x \\ y \\ z \end{pmatrix}$

(2) $\begin{pmatrix} x' \\ y' \end{pmatrix} = \begin{pmatrix} -1 & 6 \\ -3 & 5 \end{pmatrix} \begin{pmatrix} x \\ y \end{pmatrix}$

(3) $\begin{pmatrix} x' \\ y' \\ z' \end{pmatrix} = \begin{pmatrix} 2 & -1 & 1 \\ 0 & 3 & 0 \\ 0 & 1 & 2 \end{pmatrix} \begin{pmatrix} x \\ y \\ z \end{pmatrix}$

(4) $x' = y$, $y' = z$, $z' = y$

(5) $\boldsymbol{x}' = \begin{pmatrix} 1 & 0 \\ 1 & 2 \end{pmatrix} \boldsymbol{x}$
(6) $\boldsymbol{x}' = \begin{pmatrix} -1 & 6 \\ 1 & -2 \end{pmatrix} \boldsymbol{x}$

(7) $\boldsymbol{x}' = \begin{pmatrix} 2 & 1 \\ -1 & 4 \end{pmatrix} \boldsymbol{x}$
(8) $\boldsymbol{x}' = \begin{pmatrix} 0 & 1 \\ 8 & -2 \end{pmatrix} \boldsymbol{x}$

(9) $\boldsymbol{x}' = \begin{pmatrix} 5 & 3 \\ -3 & -1 \end{pmatrix} \boldsymbol{x}$
(10) $\boldsymbol{x}' = \begin{pmatrix} 3 & 1 \\ -2 & 1 \end{pmatrix} \boldsymbol{x}$

(11) $x' = \begin{pmatrix} 5 & -1 \\ 1 & 3 \end{pmatrix} x$ 　　(12) $\begin{cases} 2x' - 4x + y' - y = 0 \\ x' + 3x + y = 0 \end{cases}$

(13) $\begin{cases} x' - 2x + y' = 0 \\ x' + y' + y = 0 \end{cases}$ 　　(14) $\begin{cases} x'' - 2x - 3y = 0 \\ x + y'' + 2y = 0 \end{cases}$

問題 5.2 次の連立線形微分方程式を解け（M, k, I, W は正の定数）．
$$M(x_1 + x_2)'' = -k(x_1 + x_2), \quad I(x_1 - x_2)'' = \frac{kW^2}{2}(x_1 - x_2).$$

5.2　非斉次微分方程式の解法

まず，定係数の斉次式 $x' = Ax$ の解法について述べ，次に一般の変係数の非斉次式 $x' = A(t)x + f(t)$ の解公式を示す．

5.2.1　指数行列

定係数の n 元連立微分方程式
$$x' = Ax \tag{5.10}$$

と初期条件 $x(a) = c$（$a \in \mathbf{R}$, $c \in \mathbf{R}^n$, A は n 次正方定数行列）に対する解は，

$$x(t) = e^{A(t-a)} c$$

のように表されることを述べる．なお，e^A は正方行列 A の**指数行列**と呼ばれ，n 次正方行列である．また，e^{At} は，式 (5.10) における 1 つの基本行列である．

このように，定係数の n 元 1 階連立微分方程式を行列表示した際，定係数によって定まる n 次正方行列 A が用いられる．この微分方程式の解は，式 (5.12) の右辺で定義される行列 A についての無限べき級数で与えられる．この「行列の無限べき級数」の形が，指数関数の無限べき級数表示の形と全く同じであったことから，行列の無限べき級数を表す記号として，指数関数の表示を形式的に用いて e^A と表し，これを指数行列と呼ぶ．もとの定義式の形が指数関数のものと一致しており，後

で述べるように，指数関数がもつ指数法則と同じような関係式が成り立つ．

指数行列の定義は，微分積分学における指数関数 e^t ($\in \mathbf{R}$) と深く関係する．実数 t に対する指数関数 $f(t) = e^t$ は

$$f(t) = \sum_{k=0}^{\infty} \frac{t^k}{k!} \tag{5.11}$$

のように展開され，**マクローリン展開**（または，$t = 0$ の周りにおけるテイラー展開）といわれる．その無限級数は $|t| < \infty$ で収束する．その無限級数 $\sum_{k=0}^{\infty} \frac{t^k}{k!}$ に関する極限が存在することは，m 部分和 $a_m = \sum_{k=0}^{m} \frac{t^k}{k!}$ からなる点列 $\{a_m \in \mathbf{R} : m = 0, 1, \cdots\}$ の極限 $\lim_{m \to \infty} a_m$ が存在することを意味する．

任意の行列 A において，m 部分和

$$S_m(A) = \sum_{k=0}^{m} \frac{A^k}{k!}$$

が収束するので，指数行列 e^A を次のように定義する．

定義 5.1 n 次正方行列 A に関して

$$e^A = \sum_{k=0}^{\infty} \frac{A^k}{k!} \tag{5.12}$$

と定める．

n 次正方行列 A, B が $AB = BA$ をみたしているとき，次の等式が成り立つ（例題 5.3 を参照）．

$$e^{A+B} = e^A e^B = e^B e^A.$$

例題 5.3

n 次正方行列 A, B は $AB = BA$ をみたすとする．このとき等式 $e^{A+B} = e^A e^B$ が成り立つことを示せ．

5.2 非斉次微分方程式の解法

【解】 2項定理より, $(A+B)^k = \sum_{p=0}^{k} \frac{k!}{p!(k-p)!} A^p B^{k-p}$ から,

$$e^{A+B} = \sum_{k=0}^{\infty} \frac{(A+B)^k}{k!} = \sum_{k=0}^{\infty} \sum_{p+q=k} \frac{A^p}{p!} \frac{B^q}{q!}$$

となる. 右辺は, $k=0,1,\cdots$ に対して, 直線 $p+q=k$ 上にあるような p,q がいずれも整数である場合をすべてについて和をとることを意味する. その総和は, 各 $p=0,1,2,\cdots$ を固定して $q \geq 0$ のすべての整数に関する総和に等しいことが, 微分積分学の定理から示される. よって, 右辺は, 次のように式変形できる:

$$e^{A+B} = \sum_{p=0}^{\infty} \frac{A^p}{p!} \sum_{q=0}^{\infty} \frac{B^q}{q!} = e^A e^B . \quad \blacklozenge$$

例 5.4

$a, b \in \mathbf{R}$ とする. 次の2次正方行列の指数行列を求めてみよう.

(1) $A = \begin{pmatrix} a & 0 \\ 0 & b \end{pmatrix}$ (2) $A = \begin{pmatrix} a & -b \\ b & a \end{pmatrix}$ (3) $A = \begin{pmatrix} ab & b \\ 0 & ab \end{pmatrix}$

(1) 数学的帰納法により, $k=1,2,\cdots$ に対し

$$A^k = \begin{pmatrix} a^k & 0 \\ 0 & b^k \end{pmatrix}$$

である. ゆえに, 指数行列が次のように得られる:

$$e^A = \sum_{k=0}^{\infty} \begin{pmatrix} \frac{a^k}{k!} & 0 \\ 0 & \frac{b^k}{k!} \end{pmatrix} = \begin{pmatrix} \sum_{k=0}^{\infty} \frac{a^k}{k!} & 0 \\ 0 & \sum_{k=0}^{\infty} \frac{b^k}{k!} \end{pmatrix} = \begin{pmatrix} e^a & 0 \\ 0 & e^b \end{pmatrix}.$$

(2) $A = aI + bJ$ とおく. ただし, $I = \begin{pmatrix} 1 & 0 \\ 0 & 1 \end{pmatrix}$ (単位行列), $J = \begin{pmatrix} 0 & -1 \\ 1 & 0 \end{pmatrix}$.

このとき, $IJ = JI$ が成り立つから, $e^A = e^{aI} e^{bJ}$ と表せる (例題 5.3 を参照). このとき, $e^{aI} = \sum_{k=0}^{\infty} \begin{pmatrix} \frac{a^k}{k!} & 0 \\ 0 & \frac{a^k}{k!} \end{pmatrix} = \begin{pmatrix} e^a & 0 \\ 0 & e^a \end{pmatrix} = e^a I$ である. また, $IJ = J$, $J^2 = -I$ から,

$$e^{bJ} = \sum_{j=0}^{\infty} \frac{(bJ)^{2j}}{(2j)!} + \sum_{j=0}^{\infty} \frac{(bJ)^{2j+1}}{(2j+1)!} = \left[\sum_{j=0}^{\infty} \frac{(-1)^j b^{2j}}{(2j)!}\right] I + \left[\sum_{j=0}^{\infty} \frac{(-1)^j b^{2j+1}}{(2j+1)!}\right] J$$

$$= (\cos b) I + (\sin b) J$$

である．ここで $\cos b$, $\sin b$ のマクローリン展開の公式を用いた．ゆえに，指数行列は

$$e^A = e^a \begin{pmatrix} \cos b & -\sin b \\ \sin b & \cos b \end{pmatrix}.$$

（3） $A = abI + bN$ とおく．I は単位行列で，$N = \begin{pmatrix} 0 & 1 \\ 0 & 0 \end{pmatrix}$ である．$IN = NI = N$ より，$e^A = e^{abI} e^{bN}$ が成り立つ．ここで，$e^{abI} = \begin{pmatrix} e^{ab} & 0 \\ 0 & e^{ab} \end{pmatrix} = e^{ab} I$ である．また，$N^2 = 0$ より，$e^{bN} = I + bN = \begin{pmatrix} 1 & b \\ 0 & 1 \end{pmatrix}$ である．ゆえに，指数行列は次のように得られる：

$$e^A = e^{ab} I \begin{pmatrix} 1 & b \\ 0 & 1 \end{pmatrix} = e^{ab} \begin{pmatrix} 1 & b \\ 0 & 1 \end{pmatrix}. \quad \blacklozenge$$

A を定数行列とする連立線形微分方程式 $\boldsymbol{x}' = A\boldsymbol{x}$ を考える．A の指数行列は，A に関して，まず固有値・固有ベクトルを求めた上で，適当な分解

$$A = T\Lambda T^{-1} \tag{5.13}$$

（T は正則行列，Λ は固有値からなる対角行列）によって計算される．

$$e^A = e^{T\Lambda T^{-1}} = \sum_{k=0}^{\infty} \frac{(T\Lambda T^{-1})^k}{k!} \text{ であり,}$$

$$\frac{(T\Lambda T^{-1})^k}{k!} = \frac{(T\Lambda T^{-1})(T\Lambda T^{-1}) \cdots (T\Lambda T^{-1})(T\Lambda T^{-1})}{k!} = T\frac{\Lambda^k}{k!} T^{-1}$$

から

$$e^A = Te^{\Lambda} T^{-1}$$

を得る．相異なる固有値が $\lambda_1, \lambda_2, \cdots, \lambda_n$ と与えられているとき，Λ と e^Λ は次のように与えられる：

$$\Lambda = \begin{pmatrix} \lambda_1 & & & 0 \\ & \lambda_2 & & \\ & & \ddots & \\ 0 & & & \lambda_n \end{pmatrix}, \quad e^\Lambda = \begin{pmatrix} e^{\lambda_1} & & & 0 \\ & e^{\lambda_2} & & \\ & & \ddots & \\ 0 & & & e^{\lambda_n} \end{pmatrix}.$$

指数行列が表す行列を計算するための定義式は式 (5.12) で与えられているが，式からわかるように，行列の無限積とその和を計算しなければならず，行列 A が<u>特殊な形</u> のもの以外では一般に困難である．計算が容易な「特殊な形」の行列の1つが対角行列である．行列 A から定まる対角行列としては，線形代数で学ぶ「行列 A の固有値・固有ベクトル」によって与えられる<u>固有値からなる対角行列 Λ</u> である．この行列 Λ に対して正則行列 T をうまく選ぶことによって（本文では「適当な分解」という言い回しを用いている），行列 A は式 (5.13) の形で表され，結果，指数行列 e^A が $Te^\Lambda T^{-1}$ のように与えられるのである．線形代数では，式 (5.13) の意味するところを「正則行列 T による行列 A の対角化」として説明している．その際，対角化できる計算例を多く学んできたことと思うが，一般には対角化できない行列が多いことも事実である．

なお，行列 A の固有値 λ は $\det(\lambda I - A) = 0$ によって，固有ベクトル $\boldsymbol{p}$ は $A\boldsymbol{p} = \lambda \boldsymbol{p}$ によって与えられる．詳しくは線形代数のテキストを参照されたい．

例 5.5

行列 $A = \begin{pmatrix} 0 & 1 & 1 \\ 1 & 0 & 1 \\ 1 & 1 & 0 \end{pmatrix}$ に関する分解 (5.13) および指数行列 e^{At} （$t \in \mathbf{R}$）を計算してみよう．

A の固有値を求める行列式 $\det(\lambda I - A) = (\lambda + 1)^2 (\lambda - 2) = 0$ より，固有値は $\lambda = -1$（2重解），2 である．

固有値 $\lambda = -1$ に対する固有ベクトル $\boldsymbol{p} = (p_1, p_2, p_3)^T$ は，$A\boldsymbol{p} = -\boldsymbol{p}$ で与えられるから，3変数 p_1, p_2, p_3 がみたすべき式として $p_1 + p_2 + p_3 = 0$ だけが得られる．3変数のうち2つを任意の数 k, ℓ とする．例えば，$p_1 = k$, $p_2 = \ell$ とおくと，$\boldsymbol{p}$ は次のようになる：

$$\begin{pmatrix} p_1 \\ p_2 \\ p_3 \end{pmatrix} = \begin{pmatrix} k \\ \ell \\ -k-\ell \end{pmatrix} = k \begin{pmatrix} 1 \\ 0 \\ -1 \end{pmatrix} + \ell \begin{pmatrix} 0 \\ 1 \\ -1 \end{pmatrix}.$$

これは，$\lambda = -1$ に関する1次独立なベクトルの1次結合になっているから，2個の固有ベクトル $\boldsymbol{p} = (1,0,-1)^T$, $\boldsymbol{q} = (0,1,-1)^T$ が得られる．

固有値 $\lambda = 2$ に対する固有ベクトル $\boldsymbol{r} = (r_1, r_2, r_3)^T$ は，$A\boldsymbol{r} = 2\boldsymbol{r}$ で与えられるから，2個の等式 $r_2 + r_3 = 2r_1$, $r_1 + r_3 = 2r_2$ を得る．任意の数を k として $r_1 = k$ とおく．$r_2 + r_3 = 2k$, $-2r_2 + r_3 = -k$ を解くと $r_2 = r_3 = k$ であるから

$$\boldsymbol{r} = \begin{pmatrix} r_1 \\ r_2 \\ r_3 \end{pmatrix} = k \begin{pmatrix} 1 \\ 1 \\ 1 \end{pmatrix}$$

となる．ゆえに，$\lambda = 2$ の固有ベクトルは $\boldsymbol{r} = (1,1,1)^T$ とすればよい．

次に，固有ベクトル $\boldsymbol{p}, \boldsymbol{q}, \boldsymbol{r}$ を並べて

$$T = \begin{pmatrix} 1 & 0 & 1 \\ 0 & 1 & 1 \\ -1 & -1 & 1 \end{pmatrix}$$

とおくと，$AT = T\Lambda$ が成り立つ．ただし，$\Lambda = \begin{pmatrix} -1 & 0 & 0 \\ 0 & -1 & 0 \\ 0 & 0 & 2 \end{pmatrix}$ である．また，

$$T^{-1} = \frac{1}{3} \begin{pmatrix} 2 & -1 & -1 \\ -1 & 2 & -1 \\ 1 & 1 & 1 \end{pmatrix}$$

であり，$At = T(t\Lambda)T^{-1}$ より次のように指数行列を得る：

$$e^{At} = T \begin{pmatrix} e^{-t} & 0 & 0 \\ 0 & e^{-t} & 0 \\ 0 & 0 & e^{2t} \end{pmatrix} T^{-1} = \frac{1}{3} \begin{pmatrix} 2e^{-t}+e^{2t} & -e^{-t}+e^{2t} & -e^{-t}+e^{2t} \\ -e^{-t}+e^{2t} & 2e^{-t}+e^{2t} & -e^{-t}+e^{2t} \\ -e^{-t}+e^{2t} & -e^{-t}+e^{2t} & 2e^{-t}+e^{2t} \end{pmatrix}. \blacklozenge$$

例題 5.4

行列 $A = \begin{pmatrix} 1 & -3 & 0 \\ 0 & -2 & 0 \\ -3 & 3 & 4 \end{pmatrix}$ の分解 (5.13) と指数行列 e^{At} ($t \in \mathbf{R}$) を計算せよ．

【解】 行列 A の固有方程式

$$\det(\lambda I - A) = \begin{pmatrix} \lambda - 1 & 3 & 0 \\ 0 & \lambda + 2 & 0 \\ 3 & -3 & \lambda - 4 \end{pmatrix} = (\lambda + 2)(\lambda - 1)(\lambda - 4) = 0$$

より，固有値は $\lambda = -2, 1, 4$ である．

$\lambda = -2$ の固有ベクトルを $\boldsymbol{p} = (p_1, p_2, p_3)^T$ とすると，$A\boldsymbol{p} = \lambda\boldsymbol{p} = -2\boldsymbol{p}$ から，$p_1 = p_2$，$p_3 = 0$ を得る．よって，任意の数を k として，$\boldsymbol{p} = k(1, 1, 0)^T$ と表せるから，$\boldsymbol{p} = (1, 1, 0)^T$ としてよい．同様にして固有値 $\lambda = 1, 4$ に対する固有ベクトルは $\boldsymbol{q} = (1, 0, 1)^T$，$\boldsymbol{r} = (0, 0, 1)^T$ のように得られる．これらを並べて，$T = (\boldsymbol{p}, \boldsymbol{q}, \boldsymbol{r}) = \begin{pmatrix} 1 & 1 & 0 \\ 1 & 0 & 0 \\ 0 & 1 & 1 \end{pmatrix}$ とすると，A の分解およびその逆行列は次のとおりである：

$$A = T \begin{pmatrix} -2 & 0 & 0 \\ 0 & 1 & 0 \\ 0 & 0 & 4 \end{pmatrix} T^{-1}, \quad T^{-1} = \begin{pmatrix} 0 & 1 & 0 \\ 1 & -1 & 0 \\ -1 & 1 & 1 \end{pmatrix}.$$

ゆえに，指数行列 e^{At} は次のように計算される：

$$e^{At} = T \begin{pmatrix} e^{-2t} & 0 & 0 \\ 0 & e^t & 0 \\ 0 & 0 & e^{4t} \end{pmatrix} T^{-1} = \begin{pmatrix} e^t & e^{-2t} - e^t & 0 \\ 0 & e^{-2t} & 0 \\ e^t - e^{4t} & -e^t + e^{4t} & e^{4t} \end{pmatrix}. \blacklozenge$$

例題 5.5

行列 $A = \begin{pmatrix} -1 & 6 \\ -3 & 5 \end{pmatrix}$ の指数行列 e^{At} ($t \in \mathbf{R}$) を求めよ．

【解】 A の固有方程式 $\det(\lambda I - A) = \lambda^2 - 4\lambda + 13 = 0$ より，固有値は $\lambda = 2 \pm 3i$ である．$\lambda = 2 - 3i$ の固有ベクトルを $\boldsymbol{p} = (p_1, p_2)^T$ ($p_j \in \mathbf{C}$; $j = 1, 2$) とおくと，$p_2 = \dfrac{1 - i}{2} p_1$ を得る．よって，

$$\boldsymbol{p} = \begin{pmatrix} p_1 \\ p_2 \end{pmatrix} = \begin{pmatrix} p_1 \\ \dfrac{1-i}{2} p_1 \end{pmatrix} = \frac{p_1}{2} \left\{ \begin{pmatrix} 2 \\ 1 \end{pmatrix} + i \begin{pmatrix} 0 \\ -1 \end{pmatrix} \right\}$$

である．p_1 は任意に選べるから，例えば，$\boldsymbol{p} = \boldsymbol{a} + i\boldsymbol{b}$ ($\boldsymbol{a} = \begin{pmatrix} 2 \\ 1 \end{pmatrix}$, $\boldsymbol{b} = \begin{pmatrix} 0 \\ -1 \end{pmatrix}$) と

とればよい．このとき，$A(\boldsymbol{a}+i\boldsymbol{b}) = (2-3i)(\boldsymbol{a}+i\boldsymbol{b})$ から，実部と虚部を分けて $A\boldsymbol{a} = 2\boldsymbol{a}+3\boldsymbol{b}$，$A\boldsymbol{b} = -3\boldsymbol{a}+2\boldsymbol{b}$ を得る．これらから，

$$A(\boldsymbol{a}\ \boldsymbol{b}) = (\boldsymbol{a}\ \boldsymbol{b})\begin{pmatrix} 2 & -3 \\ 3 & 2 \end{pmatrix}$$

が成り立つから，A の分解は次のように得られる：

$$A = T\begin{pmatrix} 2 & -3 \\ 3 & 2 \end{pmatrix}T^{-1}, \quad T = \begin{pmatrix} 2 & 0 \\ 1 & -1 \end{pmatrix}, \quad T^{-1} = \frac{1}{-2}\begin{pmatrix} -1 & 0 \\ -1 & 2 \end{pmatrix}.$$

したがって，指数行列 e^{At} は次のように求められる：

$$e^{At} = \begin{pmatrix} 2 & 0 \\ 1 & -1 \end{pmatrix}\begin{pmatrix} e^{2t}\cos 3t & -e^{2t}\sin 3t \\ e^{2t}\sin 3t & e^{2t}\cos 3t \end{pmatrix}\frac{1}{-2}\begin{pmatrix} -1 & 0 \\ -1 & 2 \end{pmatrix}$$

$$= e^{2t}\begin{pmatrix} \cos 3t - \sin 3t & 2\sin 3t \\ -\sin 3t & \cos 3t + \sin 3t \end{pmatrix}. \quad \blacklozenge$$

問題 5.3 $A = \begin{pmatrix} 1 & 0 \\ 0 & 0 \end{pmatrix}, B = \begin{pmatrix} 0 & 1 \\ 0 & 0 \end{pmatrix}$ について，$AB \neq BA$，$e^{A+B} \neq e^A e^B$ となることを示せ．

定係数の連立線形微分方程式の解は指数行列によって表現される．

定理 5.5 n 次正方行列 A によって与えられる定係数の n 元 1 階連立線形常微分方程式

$$\boldsymbol{x}' = A\boldsymbol{x} \tag{5.14}$$

の初期条件 $\boldsymbol{x}(a) = \boldsymbol{b}$ に対する解 $\boldsymbol{x}(t)$ は，次のように与えられる：

$$\boldsymbol{x}(t) = e^{A(t-a)}\boldsymbol{b}. \tag{5.15}$$

上記の定理において，$\boldsymbol{c} = e^{-Aa}\boldsymbol{b}$ とおけば，初期条件を考慮しない場合の解は，次のように表現できる：

$$\boldsymbol{x}(t) = e^{At}\boldsymbol{c}.$$

この式と式 (5.15) が解であることは，式 (5.14) に直接代入することによって確かめることができる．

5.2.2 定数変化法

定数変化法を用いると，第 4 章で述べた，高階非斉次線形常微分方程式の解 x（実数値関数）が，その斉次線形常微分方程式の一般解 x_0 と非斉次線形常微分方程式の 1 つの特殊解 x_1（演算子法などの方法で見つけられた解）の和 $x = x_0 + x_1$ であることを示すことができる．ここでは，斉次式 $\boldsymbol{x}' = A(t)\boldsymbol{x}$ の基本行列 $X(t)$ が求められている下で，非斉次式 $\boldsymbol{x}' = A(t)\boldsymbol{x} + \boldsymbol{b}(t)$ の解法を述べる．

定理 5.6 n 次元正方行列 $A(t)$ と，n 次元ベクトル値関数 $\boldsymbol{b}(t)$ とはそれぞれ，区間 I 上で連続とする．連立非斉次線形常微分方程式の初期値問題

$$\boldsymbol{x}' = A(t)\boldsymbol{x} + \boldsymbol{b}(t), \quad \boldsymbol{x}(t_0) = \boldsymbol{a} \qquad (t_0 \in I, \ \boldsymbol{a} \in \mathbf{R}^n) \qquad (5.16)$$

の一意解は，X を斉次方程式の基本行列とするとき，次のように与えられる：

$$\boldsymbol{x}(t) = X(t)\left\{ X^{-1}(t_0)\boldsymbol{a} + \int_{t_0}^{t} X^{-1}(s)\boldsymbol{b}(s)\,ds \right\} \qquad (t \in I). \qquad (5.17)$$

【考察】 定理 5.5 から，斉次方程式の解は，定数ベクトル $\boldsymbol{c} \in \mathbf{R}^n$ を用いて $\boldsymbol{x}(t) = X(t)\boldsymbol{c}$ と表される．初期値問題 (5.16) の解は，$\boldsymbol{c} = \boldsymbol{c}(t)$ を滑らかな関数として $\boldsymbol{x}(t) = X(t)\boldsymbol{c}(t)$ と仮定する（定数ベクトル $\boldsymbol{c}$ を C^1 級のベクトル関数と考える）．微分して，得られる $\boldsymbol{x}'(t) = X'(t)\boldsymbol{c}(t) + X(t)\boldsymbol{c}'(t) = A(t)\boldsymbol{x}(t) + X(t)\boldsymbol{c}'(t)$ を，非斉次方程式に代入すると

$$A(t)\boldsymbol{x}(t) + X(t)\boldsymbol{c}'(t) = A(t)\boldsymbol{x}(t) + \boldsymbol{b}(t)$$

を得る．例題 5.1 から，$X^{-1}(t)$ が存在するから $\boldsymbol{c}'(t) = X^{-1}(t)\boldsymbol{b}(t)$ である．閉区間 $[t_0, t]$ ($t \in I$) で積分すると $\boldsymbol{c}(t) - \boldsymbol{c}(t_0) = \int_{t_0}^{t} X^{-1}(s)\boldsymbol{b}(s)\,ds$ を得る．よって，

$$\boldsymbol{x}(t) = X(t)\left\{ \boldsymbol{c}(t_0) + \int_{t_0}^{t} X^{-1}(s)\boldsymbol{b}(s)\,ds \right\}$$

である．初期条件 $\boldsymbol{x}(t_0) = \boldsymbol{a} = X(t_0)\boldsymbol{c}(t_0)$ から，解は次のように与えられる：

$$\boldsymbol{x}(t) = X(t)\left\{ X^{-1}(t_0)\boldsymbol{a} + \int_{t_0}^{t} X^{-1}(s)\boldsymbol{b}(s)\,ds \right\}.$$

解の一意性は，第 8 章の連立常微分方程式の初期値問題において示される． ◆

定理 5.6 を用いると，単独の高階非斉次線形常微分方程式に関して次の定理が得られる．

> **定理 5.7** 変係数の n 階非斉次線形常微分方程式
> $$x^{(n)} + a_1(t)x^{(n-1)} + \cdots + a_n(t)x = f(t)$$
> において関数 $a_j\,(j=1,2,\cdots,n)$ および f は区間 $I \subset \mathbf{R}$ で連続とする．このとき，非斉次式の任意の解 x は，斉次式の一般解 x_0 と非斉次式の特殊解 y の和で与えられる：$x = x_0 + y$.

問題 5.4 上の定理 5.7 が成り立つことを示せ．

例 5.6

次の非斉次微分方程式の初期値問題を解いてみよう：

$$\begin{pmatrix} x' \\ y' \\ z' \end{pmatrix} = A \begin{pmatrix} x \\ y \\ z \end{pmatrix} + \begin{pmatrix} 0 \\ 0 \\ f(t) \end{pmatrix}, \quad 初期条件： \begin{pmatrix} x(t_0) \\ y(t_0) \\ z(t_0) \end{pmatrix} = \begin{pmatrix} a_1 \\ a_2 \\ a_3 \end{pmatrix}.$$

ただし，$A = \begin{pmatrix} 0 & 1 & 0 \\ 0 & 0 & 1 \\ 0 & 0 & 0 \end{pmatrix}$ で，f は連続関数である．

微分方程式は，$x' = y,\ y' = z,\ z' = f(t)$ より，$x''' = y'' = z' = f(t)$ を得る．この斉次式 $D^3 x = 0$ の特性方程式 $P(\lambda) = \lambda^3 = 0$ より，$\lambda = 0$（3重解）．よって，x についての斉次式の一般解は，A, B, C を定数とすると

$$x(t) = A + Bt + Ct^2$$

である．よって，$y = x' = B + 2Ct$, $z = y' = 2C$ となるから，斉次方程式の一般解は次のようになる：

$$\begin{pmatrix} x(t) \\ y(t) \\ z(t) \end{pmatrix} = \begin{pmatrix} 1 & t & t^2 \\ 0 & 1 & 2t \\ 0 & 0 & 2 \end{pmatrix} \begin{pmatrix} A \\ B \\ C \end{pmatrix}.$$

次に，基本行列を $X(t) = \begin{pmatrix} 1 & t & t^2 \\ 0 & 1 & 2t \\ 0 & 0 & 2 \end{pmatrix}$ とおくと，$X(t_0)(A,B,C)^T = (a_1,a_2,a_3)^T$ から，

5.2 非斉次微分方程式の解法

$$\begin{pmatrix} A \\ B \\ C \end{pmatrix} = X(t_0)^{-1} \begin{pmatrix} a_1 \\ a_2 \\ a_3 \end{pmatrix} = \begin{pmatrix} 1 & -t_0 & \dfrac{t_0^2}{2} \\ 0 & 1 & -t_0 \\ 0 & 0 & \dfrac{1}{2} \end{pmatrix} \begin{pmatrix} a_1 \\ a_2 \\ a_3 \end{pmatrix}$$

である.したがって,非斉次方程式の任意の解は次のように求められる:

$$\begin{pmatrix} x \\ y \\ z \end{pmatrix} = X(t)X(t_0)^{-1} \begin{pmatrix} a_1 \\ a_2 \\ a_3 \end{pmatrix} + X(t) \int_{t_0}^{t} X(s)^{-1} \begin{pmatrix} 0 \\ 0 \\ f(s) \end{pmatrix} ds$$

$$= \begin{pmatrix} 1 & t-t_0 & \dfrac{(t-t_0)^2}{2} \\ 0 & 1 & t-t_0 \\ 0 & 0 & 1 \end{pmatrix} \begin{pmatrix} a_1 \\ a_2 \\ a_3 \end{pmatrix} + \begin{pmatrix} \int_{t_0}^{t} \dfrac{(t-s)^2 f(s)}{2} ds \\ \int_{t_0}^{t} (t-s)f(s)\, ds \\ \int_{t_0}^{t} f(s)\, ds \end{pmatrix} . \blacklozenge$$

例題 5.6

次の 2 階連立微分方程式を解け.

$$\begin{cases} x'' - 2x - 3y = e^{2t} & (5.18) \\ x + y'' + 2y = 0 & (5.19) \end{cases}$$

【解】 式 (5.18) を 2 回微分すると $D^4 x - 2D^2 x - 3D^2 y = 4e^{2t}$ である.ここで,式 (5.19) から,$D^2 y = -x - 2y$ を用いると,

$$D^4 x - 2D^2 x - 3(-x - 2y) = 4e^{2t}.$$

これより,$3y = -\dfrac{D^4 x}{2} + D^2 x - \dfrac{3x}{2} + 2e^{2t}$ を得る.これを式 (5.18) に代入すると,

$$D^4 x - x = 6e^{2t}$$

を得る.この斉次式 $D^4 x - x = 0$ の特性方程式 $P(\lambda) = \lambda^4 - 1 = 0$ より,$\lambda = 1, -1, i, -i$ である.よって,定数を P, Q, R, S とすると,x についての斉次式の一般解は

$$x_0 = P e^t + Q e^{-t} + R \cos t + S \sin t.$$

また,x についての非斉次式の特殊解は,公式 4.6 (1) より次のとおりである:

$$x_1 = \frac{1}{D^4-1}(6\,e^{2t}) = \frac{6\,e^{2t}}{2^4-1} = \frac{2\,e^{2t}}{5}\ .$$

よって，x についての任意の解 x は次のように求められる：

$$x = x_0 + x_1 = Pe^t + Qe^{-t} + R\cos t + S\sin t + \frac{2\,e^{2t}}{5}\ .$$

また，

$$y = \frac{1}{3}(D^2 x - 2x - e^{2t}) = -\frac{1}{3}(Pe^t + Qe^{-t} + 3R\cos t + 3S\sin t) - \frac{e^{2t}}{15}$$

より，連立微分方程式の任意の解 $(x,y)^T$ は次のように求められる：

$$\begin{pmatrix} x \\ y \end{pmatrix} = \begin{pmatrix} Pe^t + Qe^{-t} + R\cos t + S\sin t + \dfrac{2e^{2t}}{5} \\ -\dfrac{1}{3}(Pe^t + Qe^{-t} + 3R\cos t + 3S\sin t) - \dfrac{e^{2t}}{15} \end{pmatrix}\ .\ \blacklozenge$$

問題 5.5 次の微分方程式を解け．

（1） $\begin{cases} 2x' - 2x + y' - y = e^t \\ x' + 3x + y = 0 \end{cases}$ 　　（2） $\begin{cases} 2x' - 2x + y' - y = \cos t \\ x' + 3x + y = -\cos t \end{cases}$

（3） $\begin{cases} x' + x - y' = t\cos t + \dfrac{\sin t}{4} \\ x' - x + y = \dfrac{\sin t}{4} \end{cases}$ 　　（4） $\begin{cases} 2x' - 4x + y' - y = 1 - 4t \\ x' + 3x + y = \dfrac{7t+3}{2} \end{cases}$

（5） $\begin{cases} x' - 2x + y' = e^t \\ x' + y' + y = 3\,e^t \end{cases}$ 　　（6） $\begin{cases} x'' - 2x - 3y = e^{2t} \\ x + y'' + 2y = 0 \end{cases}$

問題 5.6 外力 f を定数として，倒立振り子を近似した次の連立線形微分方程式を解け（1.7 節）．

$$(m+M)x'' + m\ell\theta'' = f,\qquad \frac{4\ell}{3}\theta'' + x'' = g\theta.$$

さらに，f を t の関数とした場合を考えよ．

第 6 章 ラプラス変換の基礎

求積法で解くことができる変係数の微分方程式は限られている．このため，変係数を含む常微分方程式，あるいは積分方程式や微分積分方程式 などの解法にはラプラス変換は非常に有効な方法である．次の順序で解は求められる．

(1) 未知関数 $x(t)$ の微分 (積分) 方程式をラプラス変換 $\mathcal{L}[x](s)$ し，$X(s) = \mathcal{L}[x](s)$ についての代数方程式を導く．<u>s は複素数</u> である．
(2) この代数方程式を X について解く．
(3) 得られた X に対して逆ラプラス変換 $\mathcal{L}^{-1}[X]$ を計算し，解 $x = \mathcal{L}^{-1}[X]$ を求める．

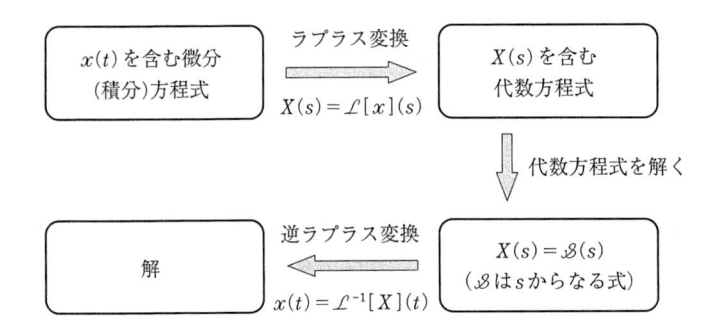

6.1 ラプラス変換と逆ラプラス変換

6.1.1 ラプラス変換

<u>正数 $t > 0$ で定義される</u> 実数値関数 $f : (0, \infty) \to \mathbf{R}$ のラプラス変換を

$$F(s) = \int_0^\infty f(t) e^{-st} \, dt \qquad (s \in \mathbf{C})$$

と定義する．$F(s) = \mathcal{L}[f](s)$，あるいは単に $F = \mathcal{L}[f]$ とも書く．上記の定義における積分範囲は，$0 < t < \infty$ である．

例 6.1

(1) 指数関数 e^{at} ($a \in \mathbf{R}$) のラプラス変換は

$$\mathcal{L}[e^{at}] = \frac{1}{s-a} \quad (\mathrm{Re}(s-a) > 0),$$

(2) 多項式 ct ($c \in \mathbf{R}$) のラプラス変換は

$$\mathcal{L}[ct] = \frac{c}{s^2} \quad (\mathrm{Re}(s) > 0)$$

で与えられることを示そう．上記(1)における $\mathbf{C}$ 上の集合 $\mathrm{Re}(s-a) > 0$ は，$\{s \in \mathbf{C} : \mathrm{Re}(s-a) > 0\}$ を意味し，$\mathcal{L}[e^{at}]$ はその集合 $\mathrm{Re}(s-a) > 0$ (実部が a より大きい複素数の全体) において収束する．これを**収束域**という．

(1) ラプラス変換の定義から

$$\mathcal{L}[e^{at}] = \int_0^\infty e^{-(s-a)t}\, dt = \left[\frac{e^{-(s-a)t}}{-(s-a)}\right]_{t=0}^{t=\infty}$$

である．$\mathrm{Re}(s-a) > 0$ のとき，$\lim_{t \to \infty} e^{-(s-a)t} = 0$ より，

$$\mathcal{L}[e^{at}] = \frac{1}{s-a}$$

である．s が $\mathrm{Re}(s-a) \leq 0$ のとき，極限 $\lim_{t \to \infty} e^{-(s-a)t}$ は発散してしまう．

(2) $\mathrm{Re}(s) > 0$ のとき，$\lim_{t \to \infty} \frac{e^{-st}t}{s} = 0 = \lim_{t \to \infty} \frac{e^{-st}}{s}$ であるから，ラプラス変換は

$$\mathcal{L}[ct] = c\int_0^\infty t\, e^{-st}\, dt = c\left(\left[\frac{e^{-st}}{-s}t\right]_{t=0}^{t=\infty} + \int_0^\infty \frac{e^{-st}}{s}\, dt\right) = \frac{c}{s^2}$$

となる．◆

無限区間 $(0, \infty)$ 上で積分が収束しなければ，ラプラス変換が収束 (存在) しない．例えば，関数 $f(t) = e^{t^2}$ のラプラス変換は存在しない．なぜならば，

$$\int_0^\infty e^{t^2} e^{-st}\, dt = e^{-\frac{1}{4}s^2} \int_0^\infty e^{(t-\frac{1}{2}s)^2}\, dt$$

となって，この積分は収束しないから，ラプラス変換も存在しない．

次の定理は，ラプラス変換が存在するための十分条件を示している．

定理 6.1 関数 $f : (0, \infty) \to \mathbf{R}$ が，

(i) 任意の $T > 0$ に対して，区間 $(0, T]$ で区分的に連続であり，

(ii) ある実数 c と $M > 0$ に対し，
$$|f(t)| \leq M e^{ct} \quad (t > 0) \tag{6.1}$$
をみたすならば，ラプラス変換 $F(s) = \mathcal{L}[f](s)$ は，収束域 $\mathrm{Re}(s) > c$ において存在する．条件 (ii) における c を関数 f の **指数位数** という．

定義 6.1 区間 $(-\infty, \infty)$ 上で定義される実数値関数 f が，**区分的に連続で** あるとは，次の場合をいう：

任意の区間 $(a, b) \subset (-\infty, \infty)$ に関して，f は，不連続点があれば高々有限個の点 $t_1, t_2, \cdots, t_m$ に対し，次の条件 (i), (ii) がみたされることである．

(i) 分割 $a \leq t_1 < t_2 < \cdots < t_m \leq b$ に対し，各開区間 (t_k, t_{k+1}) ($k = 1, 2, \cdots, m-1$) では，f は連続である．

(ii) 不連続点 $t_1, t_2, \cdots, t_m$ では，次の左・右極限
$$\lim_{\varepsilon \to +0} f(t_k + \varepsilon), \quad \lim_{\varepsilon \to +0} f(t_k - \varepsilon) \quad (k = 1, 2, \cdots, m)$$
が存在する．

例えば，区分的に連続である**ヘヴィサイドの階段関数**
$$H(t) = 0 \quad (t < 0), \quad H(t) = 1 \quad (t \geq 0)$$
や，次の関数は区分的に連続である ($k = 0, \pm 1, \pm 2, \cdots$)：
$$f(t) = 1 \quad (2k < t \leq 2k+1), \quad f(t) = -1 \quad (2k+1 < t \leq 2k+2).$$

【考察】 ラプラス変換 $F = \mathcal{L}[f]$ が収束するとは，関数
$$g(t) = \int_0^T f(t) e^{-st} \, dt$$
の極限 $g(\infty) = \lim_{t \to \infty} g(t)$ が存在することである．微分積分学におけるコーシーの収束定

理（実数の点列 $\{a_m\}$ の $\lim_{m\to\infty} a_m$ が存在することは，$\lim_{m,\ell\to\infty} |a_m - a_\ell| = 0$ であることと同値）と同様に考えられ，次のような事実がある：

$$g(\infty) \text{ が収束} \iff \lim_{T_1,T_2\to\infty} |g(T_1) - g(T_2)| = 0.$$

この定理を応用して，$g(\infty)$ の存在は示される．$s = c + R + ib\,(R > 0,\ b \in \mathbf{R})$ とおくと，$|e^{-st}| = |e^{-(c+R)t}(\cos bt - i\sin bt)| = e^{-(c+R)t}$ である．f は指数位数 c であるから，$0 < T_1 \leq T_2$ のとき，

$$|g(T_1) - g(T_2)| \leq \int_{T_1}^{T_2} |e^{-st}||f(t)|\,dt \leq \int_{T_1}^{T_2} e^{-(c+R)t} Me^{ct}\,dt \leq \frac{M(e^{-RT_2} - e^{-RT_1})}{-R}$$

より，$T_1, T_2 \to +\infty$ のとき $|g(T_1) - g(T_2)| \to 0$ である．ゆえに，$g(\infty)$ は存在する． ◆

　ラプラス変換による常微分方程式の解法において，6.1 節の定義式から直接計算するよりも，公式 6.1 － 6.5 および公式 7.1 － 7.5 を組み合わせると計算しやすい．本書では，常微分方程式のラプラス変換による解法を，できるだけ容易であるように簡潔にまとめた．

　制御システムなどを線形常微分方程式によってモデル化した場合，非斉次項の外力に指数関数が含まれることがある．このときの解法には，「移動性」の公式を用いると便利である．

　ラプラス変換においては，変換の対象となる関数は「0 から無限大までの定積分が存在する」ものである．よって積分可能な関数でなければならない．積分可能条件については，微分積分学のテキストを参照されたい．もし，ラプラス変換の対象となる関数の定義域が 0 からではない場合，座標変換すなわち変数変換を行うことでラプラス変換が可能となり，「移動性」の公式が役立つ．

　指数位数の条件 (6.1) は，ラプラス変換が存在するための 1 つの条件にすぎない．例えば，関数 $f(t) = \dfrac{1}{\sqrt{t}}$ $(t > 0)$ の場合，式 (6.1) をみたす c は存在しないし，$t \to +0$ において，どんな指数位数型の関数よりも発散する様子が急激である．しかし，ラプラス変換は収束して

$$\mathcal{L}\left[\frac{1}{\sqrt{t}}\right](s) = \sqrt{\frac{\pi}{s}} \quad (\mathrm{Re}(s) > 0)$$

である．s を正の実数に限る場合，変換 $st = \dfrac{r^2}{2}$ と $\dfrac{1}{\sqrt{2\pi}} \displaystyle\int_{-\infty}^{\infty} e^{-\frac{1}{2}r^2} dr = 1$ を用いて上式の計算ができる．また，$\mathrm{Re}(s) > 0$ の場合の計算は他書（例えば，杉山昌平：「常微分方程式例題演習」（森北出版）など）を参照されたい．

応用上，重要なラプラス変換の性質を述べる．関数 f, g は区分的に連続で指数位数が c ならば，ラプラス変換 $\mathcal{L}[f]$，$\mathcal{L}[g]$ の収束域は，いずれも $\mathrm{Re}(s) > c$ である．

（1）**線形性** ：$\mathcal{L}[kf + \ell g] = k\,\mathcal{L}[f] + \ell\,\mathcal{L}[g] \quad (k, \ell \in \mathbf{R})$
　ラプラス変換の定義から容易に導ける．

（2）**移動性** ：$\mathcal{L}[e^{at}f] = F(s - a)$
　F の収束域は $\mathrm{Re}(s - a) > c$ である（$a \in \mathbf{R}$）．変数変換 $r = s - a$ を用いて示される．

（3）**相似性** ：$\mathcal{L}[f(at)] = \dfrac{1}{a} F\left(\dfrac{s}{a}\right)$
　F の収束域は $\mathrm{Re}(s) > ca$ である（$a > 0$）．変数変換 $r = \dfrac{s}{a}$ を用いて示される．

例 6.2

関数 $f(t) = -2 + t - 2e^{-t} + te^{-t}$ のラプラス変換 F を計算してみよう．

上の性質 (2)–(3) より，$\mathcal{L}[-2] = \dfrac{-2}{s}$ の収束域は $\mathrm{Re}(s) > 0$，$\mathcal{L}[t] = \dfrac{1}{s^2}$ の収束域は $\mathrm{Re}(s) > 0$，$\mathcal{L}[-2e^{-t}] = \dfrac{-2}{s+1}$ の収束域は $\mathrm{Re}(s) > -1$，$\mathcal{L}[te^{-t}] = \dfrac{1}{(s+1)^2}$ の収束域は $\mathrm{Re}(s) > -1$ である．したがって，性質 (1) から

$$F = \mathcal{L}[-2] + \mathcal{L}[t] + \mathcal{L}[-2e^{-t}] + \mathcal{L}[te^{-t}] = \frac{-2}{s} + \frac{1}{s^2} + \frac{-2}{s+1} + \frac{1}{(s+1)^2}$$

を得る．その収束域は，$\mathrm{Re}(s) > 0$ である．◆

6.1.2 逆ラプラス変換

区分的に連続な関数 f_1, f_2 は等しい指数位数 c をもつとする．f_1, f_2 のラプラス変換が等しいとき，すなわち

$$\mathcal{L}[f_1](s) = \mathcal{L}[f_2](s) \quad (\mathrm{Re}(s) > c)$$

のとき，不連続点を除いて，$f_1(t) = f_2(t)$ であることが知られている．特に，関数 f が連続であれば，原像 f とラプラス変換 $F = \mathcal{L}[f]$ は 1 対 1 である．すなわち，F から f への写像が考えられる．これを**逆ラプラス変換**といい，次のように表す：

$$f(t) = \mathcal{L}^{-1}[F](t).$$

例えば，次の等式は重要である（$n = 0, 1, 2, \cdots; a \in \mathbf{R}$）．

$$\mathcal{L}^{-1}\left[\frac{1}{s^n}\right](t) = \frac{t^{n-1}}{(n-1)!}, \qquad \mathcal{L}^{-1}\left[\frac{1}{s-a}\right](t) = e^{at},$$

$$\mathcal{L}^{-1}\left[\frac{s}{s^2+a^2}\right](t) = \cos at, \qquad \mathcal{L}^{-1}\left[\frac{a}{s^2+a^2}\right](t) = \sin at,$$

$$\mathcal{L}^{-1}\left[\frac{s}{s^2-a^2}\right](t) = \cosh at, \qquad \mathcal{L}^{-1}\left[\frac{a}{s^2-a^2}\right](t) = \sinh at.$$

ラプラス変換 $F = \mathcal{L}[f]$，$G = \mathcal{L}[g]$，$k, \ell \in \mathbf{R}$ に関して次の公式も大切である：

$$\mathcal{L}^{-1}[kF(s) + \ell G(s)](t) = kf(t) + \ell g(t),$$

$$\mathcal{L}^{-1}[F(s-a)](t) = e^{at}\mathcal{L}^{-1}[F(s)] = e^{at}f(t),$$

$$\mathcal{L}^{-1}\left[\frac{1}{a}F\left(\frac{s}{a}\right)\right](t) = f(at) \quad (a > 0),$$

$$\mathcal{L}^{-1}[F^{(n)}(s)](t) = (-1)^n t^n f(t) \quad (\text{公式 6.4 参照}).$$

例題 6.1

整数 $n = 0, 1, 2, \cdots$ に対して，次のラプラス変換が成り立つことを示せ．

$$\mathcal{L}[ct^n] = \frac{cn!}{s^{n+1}} \quad (\mathrm{Re}(s) > 0).$$

【考察】 例 6.1 で $\mathcal{L}[ct] = \dfrac{c}{s^2}$ が示された．$k \geq 1$ は整数として，$\mathcal{L}[ct^k] = \dfrac{ck!}{s^{k+1}}$ が成り立っていると仮定して，数学的帰納法を用いる．ct^{k+1} については，部分積分法を用いて

$$\mathcal{L}[ct^{k+1}] = \left[ct^{k+1}\dfrac{e^{-st}}{s}\right]_{t=0}^{t=\infty} + c(k+1)\int_0^\infty \dfrac{t^k e^{-st}}{s}\,dt.$$

$\mathrm{Re}(s) > 0$ のとき $\displaystyle\lim_{t\to\infty} \dfrac{t^{k+1}e^{-st}}{s} = 0$ であるから，右辺の第 1 項は 0 となる．右辺の第 2 項は $c(k+1)\dfrac{k!}{s^{k+2}} = \dfrac{c(k+1)!}{s^{k+2}}$ となるから，結論の等式が成り立つ． ◆

例題 6.2

$a \in \mathbf{R}$ に対して，次のラプラス変換が成り立つことを示せ．

$$\mathcal{L}[\cos at] = \dfrac{s}{s^2 + a^2}, \quad \mathcal{L}[\sin at] = \dfrac{a}{s^2 + a^2} \quad (\mathrm{Re}(s) > 0).$$

【考察】 オイラーの公式 $e^{ia} = \cos at + i\sin at$ ($a \in \mathbf{R}$, $i = \sqrt{-1}$) をラプラス変換すると，例 6.1 における $a \in \mathbf{R}$ の場合と同様にして，

$$\mathcal{L}[e^{iat}] = \dfrac{1}{s - ia} = \mathcal{L}[\cos at] + i\,\mathcal{L}[\sin at] \quad (\mathrm{Re}(s - ia) > 0)$$

を得る．ia が純虚数であるから，このときの収束域は $\mathrm{Re}(s) > 0$ と等しい．また，

$$\dfrac{1}{s - ia} = \dfrac{s + ia}{(s - ia)(s + ia)} = \dfrac{s}{s^2 + a^2} + i\dfrac{a}{s^2 + a^2}$$

より，2 つの式の実部と虚部を比較して，結論の等式が導ける． ◆

例題 6.3

実数 a に対して，次のラプラス変換が成り立つことを示せ．

$$\mathcal{L}[\cosh at] = \dfrac{s}{s^2 - a^2}, \quad \mathcal{L}[\sinh at] = \dfrac{a}{s^2 - a^2} \quad (\mathrm{Re}(s) > |a|).$$

【考察】 双曲線関数は $\cosh at = \dfrac{e^{at} + e^{-at}}{2}$, $\sinh at = \dfrac{e^{at} - e^{-at}}{2}$ により定義される．指数関数のラプラス変換から

$$\mathcal{L}[\cosh at] = \frac{1}{2}(\mathcal{L}[e^{at}] + \mathcal{L}[e^{-at}]) = \frac{1}{2}\left(\frac{1}{s-a} + \frac{1}{s+a}\right) = \frac{s}{s^2 - a^2}$$

のように計算される．収束域は，$\mathrm{Re}(s-a) > 0$ かつ $\mathrm{Re}(s+a) > 0$ によって $\mathrm{Re}(s) > a$ かつ $\mathrm{Re}(s) > -a$ であるから，まとめて，$\mathrm{Re}(s) > |a|$ である．同様に，

$$\mathcal{L}[\sinh at] = \frac{1}{2}\left(\frac{1}{s-a} - \frac{1}{s+a}\right) = \frac{a}{s^2 - a^2}$$

で，収束域は $\mathrm{Re}(s) > a$，$\mathrm{Re}(s) > -a$ から，$\mathrm{Re}(s) > |a|$ である．◆

問題 6.1 次の逆ラプラス変換を計算せよ．

（1）$\mathcal{L}^{-1}\left[\dfrac{1}{(s+1)(s+2)}\right]$ （2）$\mathcal{L}^{-1}\left[\dfrac{s+3}{s(s^2+4)}\right]$

（3）$\mathcal{L}^{-1}\left[\dfrac{1}{s^2(s^2+a^2)}\right]$ （4）$\mathcal{L}^{-1}\left[\dfrac{s+1}{s(s^2+2s+2)}\right]$

6.2 導関数・原始関数・多項式積・多項式商

微分方程式への応用上，関数の微分・積分・多項式積・多項式商に関して得られるラプラス変換の公式は非常に重要である．

常微分方程式の問題に対しラプラス変換を用いて解く場合，変換の対象となるのは，未知関数・係数関数・非斉次項などすべてである．このため，それらを変換する際に，複素数 s の収束域が異なるならば，共通部分の s が全体の定義域となる．

本書においては，常微分方程式の初期値問題や境界値問題（例 7.4）に対するラプラス変換の解法を解説している．偏微分方程式の問題では，有界・非有界な領域の境界条件をもつ場合にもラプラス変換が応用される．

ラプラス変換において，「正数 $t > 0$ 上で定義される実関数 f」とは，6.1 節の定義式が存在するような，いい換えれば積分が存在するような関数を変換対象にすることをいっている．例えば，133 ページの $\dfrac{1}{\sqrt{t}}$ $(t > 0)$ は $t = 0$ では非有界であ

るが，そのラプラス変換は存在する．無論，$t \geq 0$ 上で定義されて，重み e^{-st} を掛けることで，$(0, \infty)$ での積分が存在するようになる関数もラプラス変換の対象にしてよい．

次は，導関数 f' のラプラス変換に関する公式である．

公式 6.1 関数 $f(t)$ は，区分的に C^1 級で指数位数が c とする．導関数 f' のラプラス変換は
$$\mathcal{L}[f'](s) = sF(s) - f(+0)$$
で与えられ，$\mathcal{L}[f']$ の収束域も $\operatorname{Re}(s) > c$ である．

関数 f の**区分的 C^1 級**に関する定義は，区分的連続性（定義 6.1）において，不連続点を微分不可能な点に，連続性を C^1 級に替えて，次のように得られる．

任意の区間 $(a, b) \subset (-\infty, \infty)$ に関して，f が区分的 C^1 級とは，<u>微分不可能な点</u>があれば高々有限個の点 $t_1, t_2, \cdots, t_m$ に対し，次の条件 (i), (ii) がみたされることである．

  (i) 次の関係 $a \leq t_1 < t_2 < \cdots < t_m \leq b$ があるとき，各開区間 (t_k, t_{k+1}) $(k = 1, 2, \cdots, m-1)$ では f は $\underline{C^1}$ である．

  (ii) <u>微分不可能な点</u> $t_1, t_2, \cdots, t_m$ では，次の左・右の <u>微分係数</u> が存在する：
$$\lim_{\varepsilon \to +0} f'(t_k + \varepsilon), \quad \lim_{\varepsilon \to +0} f'(t_k - \varepsilon) \qquad (k = 1, 2, \cdots, m).$$

【考察】 $\mathcal{L}[f']$ の存在性を示しながら，等式を導く．十分大の $T > 0$ に対し
$$\int_0^T e^{-st} f'(t)\, dt = \left[e^{-st} f(t) \right]_0^T - \int_0^T (-s) e^{-st} f(t)\, dt = e^{-sT} f(T) - f(+0) + sF(s)$$
が成り立つ．$s = c + R + ib$ $(R > 0,\ b \in \mathbf{R})$ とおくと，$|e^{-st}| = e^{-(c+R)t}$ である．f は指数位数が c であるから，ある $M > 0$ が存在して
$$|e^{-sT} f(T)| \leq e^{-(c+R)T} M e^{cT} = M e^{-RT}$$

が成り立つ．$T \to \infty$ のとき，

$$\mathcal{L}[f'] = \lim_{T \to \infty} \int_0^T e^{-st} f'(t)\, dt = sF(s) - f(+0)$$

を得る．$R > 0$ より，収束域は $\mathrm{Re}(s) > c$ である．◆

次の公式は，高階線形微分方程式の解法に応用される．

公式 6.2（n 次導関数のラプラス変換） 整数 $n = 1, 2, \cdots$ に対し，関数 $f, f', \cdots, f^{(n-1)}$ は区分的に連続で指数位数が c とする．このとき，

$$\mathcal{L}\left[\frac{d^n f}{dt^n}\right](s) = s^n F(s) - s^{n-1} f(+0) - s^{n-2} \frac{df}{dt}(+0) - \cdots - \frac{d^{n-1} f}{dt^{n-1}}(+0)$$

は収束し，その収束域は $\mathrm{Re}(s) > c$ である．

【考察】 公式 6.1 と同様に示される．◆

例 6.3

次の常微分方程式の初期値問題を解いてみよう：

$$x'' + 2x' + x = t, \qquad x(0) = x'(0) = 0.$$

初期条件を用いて，微分方程式をラプラス変換すると

$$（左辺）= \mathcal{L}[x'' + 2x'' + x] = s^2 X + 2sX + X, \qquad（右辺）= \frac{1}{s^2}$$

より，$(s^2 + 2s + 1)X = \dfrac{1}{s^2}$．よって，$X(s) = \dfrac{1}{s^2(s+1)^2}$ を得る．この右辺に対して逆ラプラス変換の公式を適用するために，次の部分分数展開を行う（A, B, C, D は定数）：

$$\frac{1}{s^2(s+1)^2} = \frac{A}{s} + \frac{B}{s^2} + \frac{C}{s+1} + \frac{D}{(s+1)^2}.$$

通分して，分子に着目すると次の恒等式を得る：

$$(As + B)(s+1)^2 + [C(s+1) + D]s^2 = 1.$$

s の各べきに対する係数を比較して，$A = -2,\ B = 1,\ C = 2,\ D = 1$ を得るから

6.2 導関数・原始関数・多項式積・多項式商

$$X(s) = \frac{-2}{s} + \frac{1}{s^2} + \frac{2}{s+1} + \frac{1}{(s+1)^2}$$

となる．これに逆ラプラス変換 $\mathcal{L}^{-1}[X](t)$ を用いると，次の解を得る：

$$\begin{aligned}
x(t) &= \mathcal{L}^{-1}[X](t) \\
&= \mathcal{L}^{-1}\left[\frac{-2}{s}\right](t) + \mathcal{L}^{-1}\left[\frac{1}{s^2}\right](t) + \mathcal{L}^{-1}\left[\frac{2}{s+1}\right](t) + \mathcal{L}^{-1}\left[\frac{1}{(s+1)^2}\right](t) \\
&= -2 + t + 2e^{-t} + te^{-t}.
\end{aligned}$$

なお，この解が微分方程式の解であることは，解を方程式に代入して確かめられる． ◆

次の公式は，f の原始関数に対するラプラス変換に関係する．

公式 6.3 関数 f は区分的に連続で指数位数が c とし，f のラプラス変換を $F(s)$ とする．このとき，積分 $\int_0^t f(r)\,dr$ の指数位数は c で，そのラプラス変換は

$$\mathcal{L}\left[\int_0^t f(r)\,dr\right](s) = \frac{1}{s}F(s)$$

で与えられ，収束域は $\mathrm{Re}(s) > \max(c, 0)$ である．

【考察】 f が区分的に連続であるから，$\int_0^t f(r)\,dr$ は連続である．f は，ある $M > 0$, $c \in \mathbf{R}$, および十分大の $T > 0$ に対して，$t > T$ のとき，$|f(t)| \leq Me^{ct}$ となるから，

$$\left|\int_0^t f(r)\,dr\right| \leq \left|\int_0^T f(r)\,dr\right| + \int_T^t Me^{cr}\,dr \leq M_1 + \frac{M(e^{ct} - e^{cT})}{c}$$

が成り立つ（$c > 0$ としてよい）．ただし，M_1 を $\left|\int_0^T f(r)\,dr\right| \leq M_1$ とおいた．ここで，$c_1 = \max(c, 0)$, $M_2 = \max\left(M_1, \dfrac{M}{c}\right)$ とおくと

$$\left|\int_0^t f(r)\,dr\right| \leq M_2 e^{c_1 t}$$

より，c_1 は定積分の指数位数である．等式は公式 7.1 から示される（例題 7.1）． ◆

例 6.4

次の微分積分方程式の初期値問題を解いてみよう：

$$x'(t) - 2x(t) + \int_0^t x(r)\,dr = 1, \qquad x(0) = 0.$$

初期条件を用いて，微分方程式をラプラス変換すると

$$(左辺) = \mathcal{L}\left[x' - 2x + \int_0^t x(r)\,dr\right] = sX - 2X + \frac{X}{s}, \qquad (右辺) = \frac{1}{s}.$$

よって，

$$X(s) = \frac{1}{(s-1)^2}$$

を得る．逆ラプラス変換を用いると，次のように解を得る：

$$x(t) = \mathcal{L}^{-1}[X](t) = e^t \mathcal{L}^{-1}\left[\frac{1}{s^2}\right](t) = t\,e^t. \quad \blacklozenge$$

次の公式では，ラプラス変換は無限回微分可能であり，多項式の積が関係することを示す．

公式 6.4 関数 f は区分的に連続で指数位数が c とする．$\mathrm{Re}(s) > c$ のとき，ラプラス変換 $F(s) = \mathcal{L}[f](s)$ は微分可能で，$\dfrac{dF}{ds} = (-1)\mathcal{L}[tf](s)$，すなわち

$$\mathcal{L}[tf](s) = (-1)\frac{dF}{ds}(s)$$

が成り立つ．さらに，$\mathrm{Re}(s) > c$ において，F は n 回微分可能で，$\dfrac{d^n F}{ds^n} = (-1)^n \mathcal{L}[t^n f](s)$，すなわち

$$\mathcal{L}[t^n f](s) = (-1)^n \frac{d^n F}{ds^n}(s)$$

が成り立つ．

【考察】 ラプラス変換 $F(s) = \displaystyle\int_0^\infty e^{-st} f(t)\,dt$ は，$\mathrm{Re}(s) > c$ において，一様収束する．すなわち，無限区間 $(0, \infty)$ の積分は，$\mathrm{Re}(s) > c$ の任意の $s \in \mathbf{C}$ に依存せず収束する．こ

の事実から，関数項級数 $\sum_{k}^{\infty} f_k(t)$ が一様収束するなら，この級数について項別微分可能であることが導かれるのと同様にして，$\int_0^{\infty} e^{-st} f(t)\, dt$ はパラメータ s について微分可能である．よって，

$$\frac{dF}{ds} = \int_0^{\infty} \frac{\partial}{\partial s} e^{-st} f(t)\, dt = -\int_0^{\infty} t\, e^{-st} f(t)\, dt$$

から，

$$\mathcal{L}[tf](s) = (-1)\frac{dF}{ds}(s) \qquad (\mathrm{Re}(s) > c)$$

である．微分を繰り返して

$$\mathcal{L}[t^n f](s) = (-1)^n \frac{d^n F}{ds^n}(s) \qquad (\mathrm{Re}(s) > c)$$

を得る． ◆

例 6.5

次の微分方程式の初期値問題を解いてみよう：

$$tx' + x = t, \qquad x(0) = 0.$$

初期条件を用いて，微分方程式をラプラス変換する．

$$(\text{左辺}) = \mathcal{L}[tx' + x] = -\frac{d}{ds}(\mathcal{L}[x']) + X, \qquad (\text{右辺}) = \frac{1}{s^2}.$$

また，公式 6.1 から $\mathcal{L}[x'] = sX - x(0)$．これを上式に用いて $X'(s) = -\dfrac{1}{s^3}$ である．これを積分して，A を積分定数とすると，次の式が得られる：

$$X(s) = \frac{1}{2s^2} + A.$$

ここで，$\lim_{s \to \infty} X(s) = 0$（例題 6.4）より，$A = 0$ のはずである．実際，$A \neq 0$ と仮定すると，$X(s) \to A \neq 0\,(s \to \infty)$ であり，これは不合理である．逆ラプラス変換を用いると，次の解を得る：

$$x(t) = \mathcal{L}^{-1}[X](t) = \mathcal{L}^{-1}\left[\frac{1}{2s^2}\right](t) = \frac{t}{2}. \qquad ◆$$

関数の商 $\dfrac{f(t)}{t}$ に関するラプラス変換は，積分の形で与えられる．

> **公式 6.5** 関数 f は区分的に連続で指数位数が c とする．この f に対して
>
> (i) ラプラス変換 $F(s) = \mathcal{L}[f](s)$ は $\mathrm{Re}(s) > 0$ で収束し，
>
> (ii) 極限 $\displaystyle\lim_{t \to +0} \dfrac{f(t)}{t}$ が存在する
>
> と仮定する．このとき，次の公式を得る：
> $$\mathcal{L}\left[\frac{f(t)}{t}\right](s) = \int_s^\infty \mathcal{L}[f](r)\, dr \qquad (s > 0).$$

【考察】 右辺から左辺を導く．f は指数位数の関数より，例題 6.4 と同様にして，積分 $\displaystyle\int_0^\infty |e^{-st}||f(t)|\, dt$ が収束することが示される．微分積分学の定理から，次の2重積分は積分順序の交換が可能であって

$$（右辺） = \int_s^\infty \int_0^\infty e^{-rt} f(t)\, dt dr = \int_0^\infty \int_s^\infty e^{-rt} f(t)\, dr dt$$

となる．さらに，積分を実行すると

$$= \int_0^\infty \left[\frac{e^{-rt}}{-t}\right]_{r=s}^{r=\infty} f(t)\, dt = \int_0^\infty \frac{e^{-st} f(t)}{t}\, dt = （左辺）$$

である．◆

例 6.6

関数 $\dfrac{\sin t}{t}$ をラプラス変換してみよう．

$\sin t$ は，$|\sin t| \le 1$ から，指数位数 0 の連続関数で，$\displaystyle\lim_{t \to 0} \dfrac{\sin t}{t} = 1$ である．公式 6.5 の (i), (ii) はみたされるから，

$$\mathcal{L}\left[\frac{\sin t}{t}\right](s) = \int_s^\infty \mathcal{L}[\sin t](r)\, dr = \int_s^\infty \frac{1}{t^2 + 1}\, dt$$

である．よって，次のように計算できる．

$$\mathcal{L}\left[\frac{\sin t}{t}\right](s) = \left[\mathrm{Tan}^{-1}(t)\right]_s^\infty = \frac{\pi}{2} - \mathrm{Tan}^{-1}(s). \quad ◆$$

例題 6.4

関数 f は区分的に連続で指数位数が c とする．このとき，$\lim_{s \to \infty} F(s) = 0$ が成り立つことを示せ．

【考察】 $s = c + R + ib\ (c, b, R \in \mathbf{R}\ ; R > 0)$ とおける．f の指数位数が c であるから，十分大の $M, T > 0$ に対しては，$|f(t)| < Me^{ct}\ (t > T)$ となる．このとき，

$$|F(s)| \leq \int_0^T |e^{-st}| M_1\, dt + \int_T^\infty |e^{-st}| |f(t)|\, dt$$

を得る．ここで，$|f(t)| \leq M_1\ (t \leq T)$，$|e^{-st}| = |e^{-(c+R+ib)t}| = e^{-(c+R)t}\ (\because |e^{-ibt}| = 1)$ より，

$$(第1項) \leq M_1 \int_0^T e^{-(c+R)t}\, dt = \frac{M_1(1 - e^{-(c+R)T})}{c + R},$$

$$(第2項) \leq \int_T^\infty e^{-(c+R)t} Me^{ct}\, dt = \frac{M}{R\, e^{RT}}$$

となる．いずれの項も，$s \to \infty\ (R \to +\infty)$ のとき，0 に収束するから

$$\lim_{s \to \infty} F(s) = 0$$

である．◆

例題 6.5 ($\dfrac{f(t)}{t^n}$ のラプラス変換)

関数 f は区分的に連続で指数位数が c とする．このとき，

（1） $n = 1, 2, \cdots$ で，極限 $\lim_{t \to +0} \dfrac{f(t)}{t^n}$ は収束する．このとき，次のラプラス変換が成り立つことを示せ．

$$\mathcal{L}\left[\frac{f(t)}{t^n}\right](s) = \int_s^\infty \int_{r_n}^\infty \cdots \int_{r_2}^\infty F(r_1)\, dr_1 \cdots dr_{n-1} dr_n$$

$$(r_1, r_2, \cdots, r_n, s > 0).\quad (6.2)$$

（2） ラプラス変換 $F(s) = \mathcal{L}\left[\dfrac{\sin^2 t}{t^2}\right]$ を計算せよ．

【考察】 （1） $n=1$ は公式 6.5 で示された．$n=k$ で，ラプラス変換 $G(s) = \mathcal{L}\left[\dfrac{f(t)}{t^k}\right](s)$ に式 (6.2) が成り立つとして，数学的帰納法を用いる．公式 6.5 を用いると，

$$\mathcal{L}\left[\frac{f(t)}{t^{k+1}}\right](s) = \mathcal{L}\left[\frac{1}{t}\left(\frac{f(t)}{t^k}\right)\right] = \int_s^\infty G(t)\, dt$$

が成り立つ．

（2）
$$\begin{aligned}
F &= \frac{1}{2}\mathcal{L}\left[\frac{1-\cos 2t}{t^2}\right] = \frac{1}{2}\int_s^\infty \int_{r_2}^\infty \mathcal{L}[1-\cos 2t](r_1)\, dr_1 dr_2 \\
&= \frac{1}{2}\int_s^\infty \int_{r_2}^\infty \left(\frac{1}{r_1} - \frac{1}{2}\frac{2r_1}{r_1^2+4}\right) dr_1 dr_2 \\
&= \frac{1}{2}\int_s^\infty \log\frac{\sqrt{r_2^2+4}}{r_2}\, dr_2 \\
&= \frac{1}{2}\left\{\left[r_2 \log\frac{\sqrt{r_2^2+4}}{r_2}\right]_s^\infty + \int_s^\infty \frac{4}{r_2^2+4}\, dr_2\right\} \\
&= \frac{1}{2}\left(s\log\frac{s}{\sqrt{s^2+4}} + \frac{\pi}{2} - \operatorname{Tan}^{-1}\frac{s}{2}\right) \quad (s>0)
\end{aligned}$$

となる．◆

問題 6.2 次のラプラス変換を計算せよ．

（1） $\mathcal{L}\left[\displaystyle\int_0^t \sin ar\, dr\right](s)$ 　　　（2） $\mathcal{L}\left[\displaystyle\int_0^t \cos ar\, dr\right](s)$

（3） $\mathcal{L}\left[\displaystyle\int_0^t r\, e^{-2r}\, dt\right](s)$ 　　　（4） $\mathcal{L}[t\sin at](s)$

（5） $\mathcal{L}\left[t\, e^{at}\right](s)$ 　　　　　　　（6） $\mathcal{L}\left[t^n e^{at}\right](s)\quad (n=1,2,\cdots)$

問題 6.3 次の等式が成り立つことを示せ ($s\in\mathbf{R}$, $r=\sqrt{s^2+a^2}$, $\theta=\arg(s+ia)$)．

（1）
$$\begin{aligned}
\mathcal{L}[t^n \sin at](s) &= \frac{1}{2i}\left\{\frac{n!}{(s-ia)^{n+1}} - \frac{n!}{(s+ia)^{n+1}}\right\} \\
&= \frac{n!}{2i}\frac{1}{r^{n+1}}\{e^{i(n+1)\theta} - e^{-i(n+1)\theta}\} \\
&= \frac{n!\sin(n+1)\theta}{r^{n+1}} \quad (n=1,2,\cdots).
\end{aligned}$$

（2） 関数 $f(t) = t^n e^{-t}\ (n=1,2,\cdots)$ は $f(0) = f'(0) = \cdots = f^{n-1}(0) = 0$ をみたし，

6.2 導関数・原始関数・多項式積・多項式商

$$\mathcal{L}\left[\frac{d^n}{dt^n}f\right](s) = \frac{n!\,s^n}{(s+1)^{n+1}} \;,\quad \mathcal{L}\left[e^t\frac{d^n}{dt^n}f\right](s) = \frac{n!(s-1)^n}{s^{n+1}}\;.$$

(3) 等式 $\dfrac{(s-1)^n}{s^{n+1}} = \displaystyle\sum_{k=0}^{n}\dfrac{(-1)^k n!}{k!(n-k)!\,s^{k+1}}$ を利用すると,

$$\frac{e^t}{n!}\frac{d^n}{dt^n}f = \sum_{k=0}^{n}\frac{(-1)^k n!\,t^k}{(k!)^2(n-k)!}\;.$$

(4) 関数 $f(t) = \dfrac{e^{-at}-e^{-bt}}{t}$ は $\displaystyle\lim_{t\to+0} f(t) = b-a\;(b\neq a)$ であり,

$$\mathcal{L}[f](s) = \log\frac{s+b}{s+a}\;.$$

問題 6.4 次の方程式を解け.

(1) $x' - \dfrac{x}{t} = t,\quad x(1) = 1$

(2) $tx'' + (2t+3)x' + (t+3)x = 3e^{-t},\quad x(0)=1,\quad x'(0)=0$

(3) $tx' + (t-1)x = 0,\quad x(1)=1$

(4) $tx'' + (3t+1)x' - (4t+1)x = 0,\quad x(0)=1,\quad x'(0)=1$

(5) $tx'' + 2x' - (t-2)x = 2e^t,\quad x(0)=0,\quad x'(0)=1$

(6) $x'(t) - 6x(t) + 9\displaystyle\int_0^t x(r)\,dr = e^{3t},\quad x(0)=0$

(7) $x' - 4x + 4\displaystyle\int_0^t x(r)\,dr = 1-2t,\quad x(0)=0$

(8) $x' - 2x - 3\displaystyle\int_0^t x(r)\,dr = 1,\quad x(0)=0$

(9) $x' - \displaystyle\int_0^t x(r)\,dr + 1 = 0,\quad x(0)=2$

第 7 章　ラプラス変換の応用

　第 6 章で述べたラプラス変換の例は，多項式や三角関数などのように扱いが容易な関数で，変換するのに十分な条件がみたされているものである．この章で述べられる個々の例は，特別な関数積や超関数のほか，一般的な関数のラプラス変換などを扱う．これらの特別な関数の特徴は，現象を的確に表し，応用においてもよく用いられることであり，公式も重要である．例えば，合成積は画像処理の解析，階段関数は電気・電子工学でよく現れる矩形波などの周期性をもった関数を表す際に使われる．デルタ分布は撃力などのように瞬間的に作用する際に用いられる．

7.1　合成積

　関数 $f, g : (0, \infty) \to \mathbf{R}$ は区分的に連続とする．次の関数を f, g の**合成積**（convolution, **畳み込み**）という：

$$(f * g)(t) = \int_0^t f(t-r) g(r) \, dr \qquad (t > 0).$$

　関数 f, g, h は，すべて区分的に連続で，指数位数が等しいとき，次の性質 (1) — (3) が成り立つ：

(1) 可換則：　$f * g = g * f$

(2) 分配則：　$f * (g + h) = f * g + f * h$

(3) 結合則：　$(f * g) * h = f * (g * h)$

公式 7.1　関数 f, g が区分的連続で，指数位数が等しく，$\mathcal{L}[f] = F$，$\mathcal{L}[g] = G$ とすれば，次が成り立つ：

$$\mathcal{L}[f * g] = \mathcal{L}[f] \cdot \mathcal{L}[g] = FG, \qquad f * g = \mathcal{L}^{-1}[\mathcal{L}[f] \cdot \mathcal{L}[g]] = \mathcal{L}^{-1}[FG].$$

7.1 合成積

【考察】 関数 f, g がともに区分的に連続で指数位数が等しいならば，合成積は連続で同じ指数位数である．公式 6.4 における考察と同様にして，$\int_0^\infty \left| e^{-st} \int_0^t f(t-r)g(r) \right| drdt$ は，収束域における任意の s ($\text{Re}(s) > 0$) に関し一様収束する．微分積分学の事実から，積分順序は交換可能で，次のように表される（図 7.1 参照）．

$$\mathcal{L}[f*g] = \int_0^\infty e^{-st} \int_0^t f(t-r)g(r)\, drdt = \int_0^\infty \int_r^\infty e^{-st} f(t-r)g(r)\, dtdr.$$

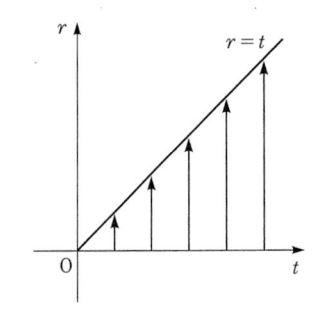

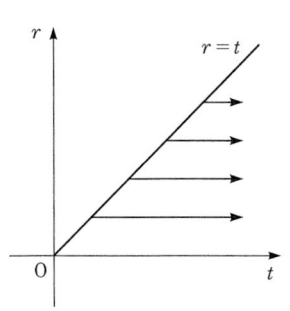

図 7.1 三角形の積分領域における面積分は，左図では各 $0 < t$ において $0 < r \leq t$ 線上を積分することを意味し，右図では各 $0 < r$ において $r \leq t$ 線上を積分することを意味している．

ここで，$p = t - r$ とおくと，

$$\mathcal{L}[f*g] = \int_0^\infty \int_0^\infty e^{-s(p+r)} f(p)g(r)\, dpdr = FG$$

を得る．これを逆ラプラス変換すれば，後半の等式を得る．◆

例 7.1

初期値問題 $x'(t) + (x * \cos t) = \sin t$, $x(0) = 1$ を解いてみよう．
微分方程式と初期条件より

$$\mathcal{L}[x' + (x * \cos t)] = sX - 1 + \mathcal{L}[x * \cos t] = sX - 1 + X\frac{s}{s^2+1}, \quad \mathcal{L}[\sin t] = \frac{1}{s^2+1}$$

から，$X(s) = \dfrac{1}{s}$ を得る．逆ラプラス変換をすると解は $x(t) = 1$ となる．◆

7.2 階段関数

関数
$$H(t) = 0 \quad (t < 0), \qquad H(t) = 1 \quad (t \geq 0)$$
を**ヘヴィサイドの階段（単位）関数**という．$a \in \mathbf{R}$ として
$$u_a(t) = H(t-a)$$
とも書く．この階段関数は，微分方程式 $P(D)x = f$（$P(D)$ は微分演算子）の非斉次項 f が周期関数などのときの解法に有効である．ラプラス変換 $F(s) = \mathcal{L}[f](s)$ に関し，ラプラス変換の定義より次の公式 7.2 − 7.4 が得られる．

公式 7.2 $\operatorname{Re}(s) > 0$ なる $s \in \mathbf{C}$ について，
$$\mathcal{L}[u_a](s) = \frac{e^{-as}}{s}, \qquad \mathcal{L}^{-1}\left[\frac{e^{-as}}{s}\right](t) = u_a(t)$$
が成り立つ．

【考察】
$$\mathcal{L}[u_a] = \lim_{T \to \infty} \int_a^T e^{-st}\,dt = \lim_{T \to \infty} \frac{e^{-sT} - e^{-as}}{-s}$$
である．ここで，$\operatorname{Re}(s) > 0$ より $\lim_{T \to \infty} e^{-sT} = 0$ であるから，左側の等式を得る．これを逆ラプラス変換すれば右側の式を得る．◆

公式 7.3 関数 f は区分的に連続で指数位数が c のとき，
$$\mathcal{L}[u_a(t)f(t-a)](s) = e^{-as}F(s), \qquad \mathcal{L}^{-1}[e^{-as}F(s)](t) = u_a(t)f(t-a)$$
$$(\operatorname{Re}(s) > \max(c, 0))$$
が成り立つ．

【考察】 $\mathcal{L}[u_a(t)f(t-a)] = \int_a^\infty f(t-a)e^{-st}\,dt = e^{-as}\int_0^\infty f(r)e^{-sr}\,dr$

（$t - a = r$ とおいた）より，左側の等式を得る．これを逆ラプラス変換すれば右側の式を得る．◆

7.2 階段関数

公式 7.4 関数 f は区分的に連続で指数位数が c とするとき,

$$\mathcal{L}[u_a(t)f(t)](s) = e^{-as}\mathcal{L}[f(t+a)](s) \quad (\mathrm{Re}(s) > \max(c,0))\,,$$

$$\mathcal{L}^{-1}[e^{-as}\mathcal{L}[f(t+a)](s)](t) = u_a(t)f(t).$$

【考察】 上の式:（左辺）$= \displaystyle\int_a^\infty f(t)e^{-st}\,dt = e^{-as}\int_0^\infty f(r+a)e^{-ar}\,dr =$（右辺）

である。ここで $t = r+a$ とおいた。 ◆

例 7.2

次の逆ラプラス変換

（1） $\mathcal{L}^{-1}\left[\dfrac{e^{-2s}}{s+2}\right](t)$ （2） $\mathcal{L}^{-1}\left[\dfrac{e^{-as}}{s^2+\omega^2}\right](t)$

を求めてみよう。

（1） $\mathcal{L}^{-1}\left[\dfrac{e^{-2s}}{s+2}\right] = e^4\mathcal{L}^{-1}\left[\dfrac{e^{-2(s+2)}}{s+2}\right] = e^{-2(t-2)}\mathcal{L}^{-1}\left[\dfrac{e^{-2s}}{s}\right] = e^{-2(t-2)}u_2(t).$

（2） $\mathcal{L}^{-1}\left[\dfrac{e^{-as}}{s^2+\omega^2}\right] = \mathcal{L}^{-1}\left[\dfrac{e^{-as}}{s}\dfrac{s}{s^2+\omega^2}\right] = u_a(t) * \cos\omega t = \dfrac{\sin\omega(t-a)}{\omega}u_a(t).$

◆

例 7.3

次の微分積分方程式の初期値問題を解いてみよう。ここで，$u_a(t)$ はヘヴィサイドの階段関数である。

$$x'(t) - 6x(t) + 9\int_0^t x(r)\,dr = e^{3t}u_a(t), \quad x(0) = 0 \quad (a \geq 0).$$

初期条件を用いて，微分方程式をラプラス変換する。ただし，右辺の $\begin{cases} e^{3t} & (t \geq a) \\ 0 & (t < a) \end{cases}$

は $\begin{cases} e^{3(t+a)} & (t \geq 0) \\ 0 & (t < 0) \end{cases}$ と表せるから，

$$（左辺） = \mathcal{L}\left[x' - 6x + 9\int_0^t x(r)\,dr\right] = sX - 6X + 9\dfrac{X}{s},$$

$$（右辺） = e^{-as}\,\mathcal{L}[e^{3(t+a)}] = \dfrac{e^{-a(s-3)}}{s-3}$$

より，
$$X = \frac{s\, e^{-a(s-3)}}{(s-3)^3}$$

を得る．$\dfrac{s}{(s-3)^3} = \dfrac{1}{(s-3)^2} + \dfrac{3}{(s-3)^3}$ であるから，

$$x = \mathcal{L}^{-1}[X] = \mathcal{L}^{-1}\left[\frac{e^{-a(s-3)}}{(s-3)^2}\right] + 3\,\mathcal{L}^{-1}\left[\frac{e^{-a(s-3)}}{(s-3)^3}\right]$$

である．ここで，合成積 $*$ を用いて，

$$\mathcal{L}^{-1}\left[\frac{e^{-a(s-3)}}{(s-3)^2}\right] = e^{3t}f(t), \qquad f(t) = \mathcal{L}^{-1}\left[\frac{e^{-as}}{s}\frac{1}{s}\right] = u_a(t) * 1 = (t-a)u_a(t),$$

$$\mathcal{L}^{-1}\left[\frac{e^{-a(s-3)}}{(s-3)^3}\right] = e^{3t}g(t), \qquad g(t) = \mathcal{L}^{-1}\left[\frac{e^{-as}}{s}\frac{1}{s^2}\right] = u_a(t) * t = \frac{(t-a)^2 u_a(t)}{2}$$

と計算できる．ゆえに，微分方程式の解は

$$x(t) = e^{3t}\left(t - a + \frac{3(t-a)^2}{2}\right)u_a(t)$$

となる．◆

7.3 ディラックのデルタ分布

デルタ分布 $\delta(t)$ $(t \in \mathbf{R})$ は，次の性質 (1) – (2) で特徴付けられる：

(1) $\delta(t) = 0 \quad (t \neq 0)$ (2) $\displaystyle\int_{-\infty}^{\infty} \delta(t)\, dt = 1.$

上記の (1)，(2) に関し，

$$\delta(0) = \infty, \qquad \delta(t) = 0 \quad (t \neq 0)$$

でありながら性質 (2) をみたす実数値関数はあり得ない．デルタ分布は，多項式 $f(t) = t^k$ $(k = 0, 1, 2, \cdots)$ などの通常の実数値関数とは異なり，超関数の一種であって，数理物理学において多用される．以下では，デルタ分布を計算しやすい，ある関数の極限として考え，（形式的な）方法を用いて，種々の公式を述べる．デルタ分布を**デルタ関数**ともいう．

デルタ分布と階段関数

実数 $\varepsilon > 0$ に対し，次の関数

$$p_\varepsilon(t) = \frac{H(t) - H(t-\varepsilon)}{\varepsilon} = \frac{u_0(t) - u_\varepsilon(t)}{\varepsilon}$$

を考える．H はヘヴィサイドの階段関数である．このとき，

$$p_\varepsilon(t) = \frac{1}{\varepsilon} \quad (0 \leq t < \varepsilon), \qquad p_\varepsilon(t) = 0 \quad (t < 0,\ \varepsilon \leq t),$$

$$\int_{-\infty}^\infty p_\varepsilon(t)\, dt = 1$$

が成り立つ．デルタ分布 $\delta(t)$ は次のような極限とみなすことができる：

$$\delta(t) = \lim_{\varepsilon \to +0} p_\varepsilon(t).$$

今後，デルタ分布の特徴 (1), (2) が保証されるように，積分 $\int_0^\infty$（または $\int_{-\infty}^\infty$）と極限操作 $\lim_{\varepsilon \to +0}$ は交換可能とする．また，次の関係式が成り立つ：

$$\delta(t-a) = \lim_{\varepsilon \to +0} \frac{H(t-a) - H(t-a-\varepsilon)}{\varepsilon} = \lim_{\varepsilon \to +0} \frac{u_a(t) - u_{a+\varepsilon}(t)}{\varepsilon}.$$

公式 7.5 次の等式 (1) − (3) が得られる．ただし，$a \geq 0$ とする．
(1) $\mathcal{L}[\delta(t-a)](s) = e^{-as}$ $(\mathrm{Re}(s) > 0)$．特に，$a = 0$ のとき，$\mathcal{L}[\delta(t)](s) = 1$．
(2) $\int_{-\infty}^\infty \delta(t-a) f(t)\, dt = f(a)$．ただし，関数 $f: \mathbf{R} \to \mathbf{R}$ は a で連続とする．
(3) $H'(t) = \delta(t)$．

【考察】 (1) 関数 $p_\varepsilon(t-a)$ をラプラス変換すると，

$$\mathcal{L}[p_\varepsilon(t-a)] = \frac{1}{\varepsilon} \mathcal{L}[H(t-a) - H(t-a-\varepsilon)]$$

$$= \frac{1}{\varepsilon}\{\mathcal{L}[u_a] - \mathcal{L}[u_{a+\varepsilon}]\} = \frac{1}{\varepsilon}\left(\frac{e^{-as}}{s} - \frac{e^{-(a+\varepsilon)s}}{s}\right)$$

である．ここで，$f(\varepsilon) = e^{-\varepsilon s} \,(\varepsilon \in \mathbf{R}, \ s \in \mathbf{C})$ とおくと，

$$f'(0) = -s = \lim_{\varepsilon \to 0} \frac{e^{-\varepsilon s} - 1}{\varepsilon} \quad (\text{右辺は } \varepsilon = 0 \text{ における微分の定義式})$$

であることから，

$$\mathcal{L}[\delta(t-a)](s) = \lim_{\varepsilon \to +0} \mathcal{L}[p_\varepsilon(t-a)](s) = \frac{e^{-as}}{s} \lim_{\varepsilon \to +0} \left(\frac{1 - e^{-\varepsilon s}}{\varepsilon}\right) = \frac{e^{-as}}{s} \cdot s = e^{-as}$$

が導かれる．$a = 0$ のとき，$\mathcal{L}[\delta(t)](s) = 1$ を得る．

 (2) 積 $p_\varepsilon(t-a)f(t)$ の $[a, a+\varepsilon]$ における積分は平均密度を表し，f は a で連続であることより，

$$\lim_{\varepsilon \to +0} \int_{-\infty}^{\infty} p_\varepsilon(t-a)f(t)\,dt = \lim_{\varepsilon \to +0} \int_{a}^{a+\varepsilon} f(t)\,dt = f(a)$$

となる．積分と極限操作が交換できるから，

$$\int_{-\infty}^{\infty} \lim_{\varepsilon \to +0} p_\varepsilon(t-a)f(t)\,dt = \int_{-\infty}^{\infty} \delta(t-a)f(t)\,dt = f(a)$$

を得る．

 (3) $t = 0$ における H の導関数は，左極限で定義する．すなわち，

$$H'(t) = \lim_{\varepsilon \to +0} \frac{H(t) - H(t-\varepsilon)}{\varepsilon} \quad (\varepsilon > 0)$$

$$= \lim_{\varepsilon \to +0} p_\varepsilon(t) = \delta(t)$$

を得る．◆

例 7.4

長さ 2 のはりの変形に関する 4 階線形微分方程式

$$x^{(4)}(t) = \delta(t-1) \qquad (0 < t < 2)$$

を境界条件 $x(0) = x'(0) = x(2) = x'(2) = 0$（はりの両端が固定されている状態）のもとで解いてみよう．ただし，$t = 1$ における集中荷重をデルタ分布 $\delta(t-1)$ で表す．

7.3 ディラックのデルタ分布

公式 6.2 によって，初期条件を用いて微分方程式をラプラス変換すると，$X = \mathcal{L}[x]$ に関し

$$\mathcal{L}[x^{(4)}] = s^4 X - s^3 x(+0) - s^2 x'(+0) - s x''(+0) - x'''(+0), \qquad \mathcal{L}[\delta(t-1)] = e^{-s}$$

より，$X = \dfrac{e^{-s}}{s}\dfrac{1}{s^3} + \dfrac{A}{s^3} + \dfrac{B}{s^4}$ を得る．ただし，$A = x''(+0)$, $B = x'''(+0)$ である．これを逆ラプラス変換する．$\mathcal{L}^{-1}\left[\dfrac{e^{-s}}{s}\dfrac{1}{s^3}\right] = \mathcal{L}^{-1}\left[\mathcal{L}[u_1] \cdot \mathcal{L}\left[\dfrac{t^2}{2}\right]\right] = u_1 * \dfrac{t^2}{2}$ であるから，

$$u_1(t) * \frac{t^2}{2} = u_1(t) \int_1^t \frac{r^2}{2} dr = \frac{u_1(t)(t-1)^3}{6}.$$

したがって，

$$x = \mathcal{L}^{-1}[X] = \frac{u_1(t)(t-1)^3}{6} + \frac{A}{2}t^2 + \frac{B}{6}t^3$$

である．$x' = \dfrac{u_1(t)(t-1)^2}{2} + At + \dfrac{B}{2}t^2$ より，境界条件を用いると，

$$x(2) = 0 = \frac{1}{6} + 2A + \frac{4B}{3}, \qquad x'(2) = 0 = \frac{1}{2} + 2A + 2B$$

より，$A = \dfrac{1}{4}$, $B = \dfrac{-1}{2}$ すなわち，解は

$$x(t) = \frac{t^2}{8} - \frac{t^3}{12} + \frac{u_1(t)(t-1)^3}{6}$$

となる．◆

デルタ分布を与える関数として，上記のように $p_\varepsilon(t)$ を導入した．他にも，次のように，三角形 f や正規分布の密度関数 g などを用いて表す次のような例がある．ここで，$\varepsilon > 0$ である：

$$f(t) = \frac{-t + \varepsilon}{\varepsilon^2} \ (0 \leq t \leq \varepsilon), f(t) = 0 \ (t > \varepsilon) \quad \text{かつ} \quad f(-t) = f(t) \quad (t \in \mathbf{R}),$$

$$g(t) = \frac{1}{\sqrt{2\pi}\varepsilon} e^{-\frac{t^2}{2\varepsilon^2}} \quad (t \in \mathbf{R}).$$

7.4 初期値定理と最終値定理

関数 f には，ラプラス変換が存在し，初期値 $f(+0)$ や最終値 $f(\infty)$ が存在する場合は，多数の公式が成り立つ．

公式 7.6 関数 f は区分的に連続で指数位数が c とすると，次の等式 (1), (2) が成り立つ．

（1）（初期値定理） 極限値 $\lim_{t \to +0} f(t) = a$ であるとき，$\mathrm{Re}(s) > c$ において
$$\lim_{s \to \infty} sF(s) = a$$
が成り立つ．

（2）（最終値定理） $c \leq 0$ であり，極限値 $\lim_{t \to \infty} f(t) = b$ が存在するとき，$s > 0$ において
$$\lim_{s \to +0} sF(s) = b$$
が成り立つ．

例 7.5

次のラプラス変換

（1） $\displaystyle \lim_{s \to \infty} s \mathcal{L}\left[\frac{e^{bt}}{t} - \frac{e^{at}}{t}\right](s) \quad (a, b \in \mathbf{R})$ （2） $\displaystyle \lim_{s \to \infty} s \mathcal{L}\left[\frac{\sin^2 t}{t^2}\right](s)$

を求めてみよう．

（1） $f(t) = \dfrac{e^{bt} - e^{at}}{t}$ とおくと，$\displaystyle \lim_{t \to +0} f(t) = \lim_{t \to +0}\left[\frac{e^{bt}-1}{t} - \frac{e^{at}-1}{t}\right] = b - a$ である．初期値定理より，$\displaystyle \lim_{s \to \infty} sF(s) = b - a$ を得る．

（2） $\displaystyle \lim_{t \to +0} \frac{\sin^2 t}{t^2} = 1$ であるから，初期値定理より，$\displaystyle \lim_{s \to \infty} s \mathcal{L}\left[\frac{\sin^2 t}{t^2}\right](s) = 1$ である．
◆

例題 7.1

合成積を用いて，公式 6.3 が成り立つことを示せ．

【考察】 合成積を用いて，$\displaystyle \int_0^t f(r)\, dr = 1 * f(t)$ とみなせるから，

7.4 初期値定理と最終値定理

$$\mathcal{L}\left[\int_0^t f(r)\,dr\right] = \mathcal{L}[1*f] = \mathcal{L}[1]\,\mathcal{L}[f] = \frac{1}{s}F(s)$$

である．$g(t) \equiv 1$ の収束域が $\mathrm{Re}(s) > 0$ なので，$\mathcal{L}[g*f]$ の収束域は $\mathrm{Re}(s) > \max(c, 0)$ となる． ◆

例題 7.2

公式 7.6 が成り立つことを示せ．

【考察】 （1） 任意に正数 $\varepsilon > 0$ を固定する．$|f(t) - a| \to 0\ (t \to +0)$ および f は指数位数が c の関数であるから，十分小の $d > 0$ と十分大の $T, M > 0$ に対して，

$$|f(t) - a| < \varepsilon \quad (0 < t < d), \qquad |f(t) - a| < Me^{ct} \quad (t > T)$$

が成り立つ．$sF(s) - a = s\left(\mathcal{L}[f] - \dfrac{a}{s}\right) = s(\mathcal{L}[f - a])$ より，次のように分割できる：

$$|sF(s) - a| \leq |s|\int_0^d |e^{-st}||f(t) - a|\,dt + |s|\int_d^T |e^{-st}||f(t) - a|\,dt$$
$$+ |s|\int_T^\infty |e^{-st}||f(t) - a|\,dt.$$

$s = c + R + ib\,(R > 0,\ b \in \mathbf{R})$ とおくと，$|s| = \sqrt{(c+R)^2 + b^2}$，$|e^{-st}| = e^{-(c+R)t}$ である．$\mathrm{Re}(s) > c$ において $s \to \infty\,(R \to +\infty,\ |b| \to \infty)$ のとき，

$$(\text{第 1 項}) \leq \sqrt{(c+R)^2 + b^2} \int_0^d e^{-(c+R)t}\varepsilon\,dt$$
$$\leq \frac{\varepsilon\sqrt{(c+R)^2 + b^2}(1 - e^{-(c+R)d})}{|c+R|},$$

$$(\text{第 3 項}) \leq \sqrt{(c+R)^2 + b^2}\int_T^\infty e^{-(c+R)t}M\,dt$$
$$\leq M\frac{\sqrt{(c+R)^2 + b^2}}{|c+R|}e^{-RT} \to 0,$$

$$(\text{第 2 項}) \leq \sqrt{(c+R)^2 + b^2}\int_d^T e^{-(c+R)t}M_1\,dt \quad (M_1 = \max_{d \leq t \leq T}|f(t) - a|)$$
$$= M_1\frac{\sqrt{(c+R)^2 + b^2}}{|c+R|}(e^{-(c+R)d} - e^{-(c+R)T}) \to 0.$$

ただし, f は区分的に連続であるから, $|f(t) - a| \leq M_1 \, (d \leq t \leq T)$ をみたす M_1 が存在する. 第1項も, 任意の $\varepsilon > 0$ に関して成り立つから, $\varepsilon \to +0$ とすれば（第1項）$\to +0$ がいえる. 以上より, $\mathrm{Re}(s) > c$ において次の式が成り立つ:

$$|sF(s) - a| \to 0 \qquad (s \to \infty).$$

（2）次のように式変形できる:

$$sF(s) - b = s\left(\mathcal{L}[f] - \frac{b}{s}\right) = s(\mathcal{L}[f(t) - b]) \qquad (\mathrm{Re}(s) > 0).$$

任意に $\varepsilon > 0$ を固定する. $\lim_{t \to \infty} f(t) = b$ より, 十分大の $T > 0$ に対して, $|f(t) - b| \leq \varepsilon$ $(t > T)$ である. f は区分的に連続であるから, $|f(t) - b| \leq M \, (0 < t \leq T)$ となる $M > 0$ が存在する. したがって, $|s| = r > 0$ に対し, 次のように計算できる:

$$|sF(s) - b| \leq r\int_0^T |e^{-st}|M\,dt + r\int_T^\infty |e^{-st}|\,\varepsilon\,dt.$$

$r \to +0$ のとき,

$$(右辺第1項) \leq rM\int_0^T e^{-rt}\,dt = M(1 - e^{-rT}) \leq \varepsilon,$$

$$(右辺第2項) \leq r\varepsilon \int_T^\infty e^{-rt}\,dt = \varepsilon\, e^{-rT} \leq \varepsilon$$

が成り立つ. 任意の $\varepsilon > 0$ に関し, $r \to +0$ のとき,

$$|sF(s) - b| \leq 2\varepsilon$$

である. ε はいくら小さく選んでも成り立つから, 結論の式が得られる. ◆

例題 7.3

次の微分方程式の初期値問題を解け:

$$x' + x = f(t), \qquad x(0) = 0.$$

ただし, f は周期 2 の周期関数であって, 基本周期を $f(t) = 0 \, (0 \leq t < 1)$, $f(t) = 1 \, (1 \leq t < 2)$ とする.

7.4 初期値定理と最終値定理

【解】 初期条件を用いて，微分方程式をラプラス変換すると

$$X = \frac{F}{s+1} \quad (X = \mathcal{L}[x], F = \mathcal{L}[f] \text{ とおく})$$

となる．整数 $k = 0, 1, 2, \cdots$ として，関数 f は

$$f(t) = \sum_{\ell=1}^{k \leq t + \frac{1}{2}} [u_{2\ell-1}(t) - u_{2\ell}(t)]$$

と表される．逆ラプラス変換すると

$$x = \mathcal{L}^{-1}[X] = \mathcal{L}^{-1}\left[\frac{1}{s+1}F\right] = e^{-t} * f$$

である．$k = 0, 1, 2, \cdots$ のとき，

$$x = \begin{cases} \displaystyle\int_0^{2k} e^{-t+r} f(r)\, dr & (t \in [2k, 2k+1)), \\ \displaystyle\int_0^{2k} e^{-t+r} f(r)\, dr + \int_{2k+1}^t e^{-t+r}\, dr & (t \in [2k+1, 2k+2)) \end{cases}$$

である．ここで，

$$\int_0^{2k} e^{-t+r} f(r)\, dr = \sum_{\ell=1}^{k} \int_{2\ell-1}^{2\ell} e^{-t+r}\, dr = \sum_{\ell=1}^{k} e^{-t+2\ell} - \sum_{\ell=1}^{k} e^{-t+2\ell-1}$$

$$= e^{-t}\left(1 - \frac{1}{e}\right)\sum_{\ell=1}^{k} e^{2\ell} = e^{-t}\left(\frac{e-1}{e}\right) \cdot \frac{e^2(1-e^{2k})}{1-e^2} = \frac{e^{-t+1}(e^{2k}-1)}{e+1},$$

$$\int_{2k+1}^t e^{-t+r}\, dr = 1 - e^{-t+2k+1}$$

であるから，解は次のように得られる：

$$x(t) = \frac{e^{-t+1}(e^{2k}-1)}{e+1} + (1 - e^{-t+2k+1}) \quad (k = 0, 1, \cdots \,;\, t \in [2k, 2k+2)). \quad \blacklozenge$$

例題 7.4

等式 $\displaystyle\int_0^\infty \frac{\sin t}{t}\, dt = \frac{\pi}{2}$ を示せ．

【考察】 問題 7.2 (4) より，$\displaystyle\int_0^\infty \frac{\sin t}{t}\, dt = \int_0^\infty \mathcal{L}[\sin t]\, ds = \int_0^\infty \frac{1}{s^2+1}\, ds = \frac{\pi}{2}$ ． $\blacklozenge$

例題 7.5

次の関数のラプラス変換を求め，積分値を求めよ．

$$f(t) = \int_0^\infty \frac{\cos tx}{x^2 + a^2}\, dx \qquad (a > 0).$$

【解】 $\mathcal{L}[f](s) = \int_0^\infty \int_0^\infty \frac{\cos tx}{x^2 + a^2} e^{-st}\, dxdt$ は 2 重積分であるが，$\mathrm{Re}(s) > 0$ において広義一様収束するから 2 重積分の積分が交換可能である．

$$\mathcal{L}[f](s) = \int_0^\infty \left(\int_0^\infty \cos(tx)\, e^{-st}\, dt \right) \frac{1}{x^2 + a^2}\, dx$$

$$= \int_0^\infty \mathcal{L}[\cos tx] \frac{1}{x^2 + a^2}\, dx = \int_0^\infty \frac{s}{s^2 + x^2} \frac{1}{x^2 + a^2}\, dx$$

$$= \frac{s}{a^2 - s^2} \int_0^\infty \left(\frac{1}{s^2 + x^2} - \frac{1}{x^2 + a^2} \right) dx$$

$$= \frac{s}{a^2 - s^2} \left(\int_1^\infty \frac{1}{1 + \xi^2} \frac{1}{s}\, d\xi - \int_0^\infty \frac{1}{\alpha^2 + 1} \frac{1}{a}\, da \right) \quad \left(\xi = \frac{x}{s},\ \alpha = \frac{x}{a} \right)$$

$$= \frac{s}{a^2 - s^2} \left(\frac{1}{s} \left[\mathrm{Tan}^{-1} \xi \right]_0^\infty - \frac{1}{a} \left[\mathrm{Tan}^{-1} \alpha \right]_0^\infty \right)$$

$$= \frac{s}{a^2 - s^2} \frac{\pi}{2} \left(\frac{1}{s} - \frac{1}{a} \right) = \frac{\pi}{2(a + s)a}$$

である．これを逆ラプラス変換すると，積分値は次のように得られる：

$$f(t) = \frac{\pi e^{-at}}{2a}. \quad \blacklozenge$$

問題 7.1 次のラプラス変換を計算せよ．

(1) $\mathcal{L}\left[\int_0^t \frac{\sin t}{t}\, dt \right](s)$ （正弦積分）

(2) $\mathcal{L}\left[\int_t^\infty \frac{\cos t}{t}\, dt \right](s)$ （余弦積分）

(3) $\mathcal{L}\left[\int_t^\infty \frac{e^{-t}}{t}\, dt \right](s)$ 　　　　(4) $\mathcal{L}\left[\int_0^\infty \frac{e^{-tx}}{x^2 + 1}\, dx \right](s) \quad (t > 0)$

(5) $\mathcal{L}[u_a(t) \cos b(t - a)](s)$ 　　　　(6) $\mathcal{L}[u_a(t)(t - a)^2](s)$

(7) $\displaystyle\int_0^\infty \frac{\sin tx}{x(x^2+1)}\,dx$ (8) $\displaystyle\int_0^\infty \left(\frac{\sin tx}{x}\right)^2 dx$

(9) $\displaystyle\int_0^\infty \frac{x\sin(tx)}{x^2+a^2}\,dx \quad (t,a>0)$ (10) $\mathcal{L}\left[\displaystyle\int_0^t \frac{\sin^2 r}{r}\,dr\right](s)\quad (s>a)$

(11) $\mathcal{L}\left[\displaystyle\int_0^t \sin a(t-r)\cos br\,dr\right](s)$

問題 7.2 次の等式が成り立つことを示せ.

(1) 関数 $f(t)=\dfrac{\sin at}{t}\ (a>0)$ は $\displaystyle\lim_{t\to+0} f(t)=a$ をみたし,
$$\mathcal{L}\left[\frac{\sin at}{t}\right](s)=\frac{\pi}{2}-\arctan\frac{s}{a}\quad (a>0).$$

(2) 関数 $f(t)=\dfrac{e^{at}-\cos bt}{t}$ は $\displaystyle\lim_{t\to+0} f(t)=a$ をみたし,
$$\mathcal{L}\left[\frac{e^{at}-\cos bt}{t}\right](s)=\log\frac{\sqrt{s^2+b^2}}{s-a}\quad (s>a).$$

(3) $\mathcal{L}\left[\displaystyle\int_0^t e^{-a(t-r)}\sinh(br)\,dr\right](s)=\dfrac{b}{(s+a)(s^2-b^2)}$. ただし, $\sinh(bt)=\dfrac{e^{bt}-e^{-bt}}{2}$ である.

(4) 関数 f は区分的に連続で, 指数位数が $c(\le 0)$ とし, ラプラス変換 $F=\mathcal{L}[f]$ の定積分 $\displaystyle\int_0^\infty F(s)\,ds$ が存在すると仮定する. このとき, 次の公式 (i) − (iii) が成り立つ ($\mathrm{Re}(s)>0$).

(i) $\displaystyle\int_0^\infty F(s)\,ds = \int_0^\infty \frac{f(t)}{t}\,dt$

(ii) $\mathcal{L}\left[\displaystyle\int_s^\infty F(s)\,ds\right] = \dfrac{1}{s}\displaystyle\int_0^\infty \frac{f(t)}{t}\,dt$

(iii) さらに, $\mathcal{L}\left[\displaystyle\int_t^\infty \frac{f(r)}{r}\,dr\right](s)$, $\displaystyle\lim_{t\to+0}\frac{f(t)}{t}$ が存在するとき,
$$\int_0^s F(s)\,ds = s\,\mathcal{L}\left[\int_t^\infty \frac{f(r)}{r}\,dr\right].$$

(5) 関数 f は区分的に連続で, 指数位数が $c(\le 0)$ とし, $\displaystyle\lim_{t\to+0}\dfrac{f(t)}{t}$ が存在するとき,
$$\mathcal{L}\left[\int_0^t \frac{f(r)}{r}\,dr\right] = \frac{1}{s}\int_s^\infty F(s)\,ds.$$

(6) 関数 f は区分的に連続で,周期 $a > 0$ の周期関数のとき,

$$F(s) = \frac{1}{1 - e^{-as}} \int_0^a e^{-st} f(t)\, dt \qquad (\text{Re}(s) > 0).$$

問題 7.3 次の方程式を解け.

(1) $tx'' + 2x' - (t-2)x = 2e^t, \quad x(0) = 1, \quad x'(0) = 0$

(2) $x(t) = 1 + 2t + \int_0^t (t-r)x(r)\, dr$

(3) $x'' + (2t-3)x' + 2x = 0, \quad x(0) = 1, \quad x'(0) = 3$

(4) $x(t) = e^t + \int_0^t \left[1 - (t-r) + \frac{1}{2}(t-r)^2\right] x(r)\, dr$

(5) $x'(t) + x(t) + \int_0^t e^{t-r} x'(r)\, dr = 1 - e^t, \quad x(0) = 0$

(6) $x'' - x = u_1(t), \quad x(0) = x'(0) = 0$

(7) $x'' + 2x' - 3x = \delta(t), \quad x(0) = x'(0) = 0$

(8) $x(t) + \int_0^t e^{t-r} x(r)\, dr = 1$

(9) $x(t) = 2\sin t - 2\int_0^t x(r)\cos(t-r)\, dr$

(10) $x(t) = \cos 2t + 4\int_0^t x(r)\sin 2(t-r)\, dr$

(11) $x' + x = t\, u_1(t), \quad x(0) = 0$

(12) $x'' + 2x' + x = e^{-(t-a)} u_a(t), \quad x(0) = x'(0) = 0, \quad a \geq 0$

第 8 章　解曲線と安定性

本章では，実数値関数 $x : I \to \mathbf{R}$（ただし $I = \{c < x < d\}$ は開区間）を未知関数とする 1 階常微分方程式 $x' = f(t,x)$（$f(t,0) \equiv 0$ を仮定することもある）に関して，解法の正しさを裏付ける解の性質を述べる．

8.1　解曲線

解の図形的な意味，局所解が一意的に存在するための（十分）条件とその図形的解釈，線形方程式の解に関する大域存在性などについて述べる．

8.1.1　存在と一意性の例

領域 $S \subset \mathbf{R}$ と開区間 $I = (c,d)$ の直積集合

$$I \times S = \{(t,x) \in \mathbf{R}^2 : t \in I,\ x \in S\}$$

を考える．$I \times S$ 上で定義される実数値関数 f に関して，次のように導関数の最高次数が n の微分方程式を**正規形**の n 階常微分方程式という：

$$x^{(n)}(t) = f(t, x, x', \cdots, x^{(n-1)}). \tag{8.1}$$

変数 t によって変化しない関数 f に関する

$$x^{(n)}(t) = f(x, x', \cdots, x^{(n-1)}) \tag{8.2}$$

を**自励系** n 階常微分方程式という．特に，自励系 1 階常微分方程式

$$x'(t) = f(x) \tag{8.3}$$

の解に関して，tx 平面における振舞いを観察する．tx 平面において，点 $(a,b) \in I \times S$

から出発し，変数 t が増加，あるいは減少することによって得られる方程式 (8.3) の解が描く曲線を**解曲線**と呼ぶ．以下では，必ず解曲線が有限時刻で発散する例（**有限発散時刻**）と，1つの初期条件について無数の解曲線が存在する例（非一意解）を述べる．次の例では，解がある有限時刻で発散する現象を示している．

例 8.1

1階非線形常微分方程式

$$x'(t) = x^2 \tag{8.4}$$

の解は，初期条件 $x(0) = b$ のもとで，変数分離形の解法（2.1節）より $x(t) = \dfrac{b}{1-bt}$ で与えられる．微分係数 $x'(t)$ の図形的な意味は，tx 平面において，曲線 $x = x(t)$ に関する点 (t, x) での接線の傾きである．その傾きが，各点 (t, x) において，$f(x) = x^2$ に等しいことを意味し，傾きは x に依存する量である（図 8.1 参照）．

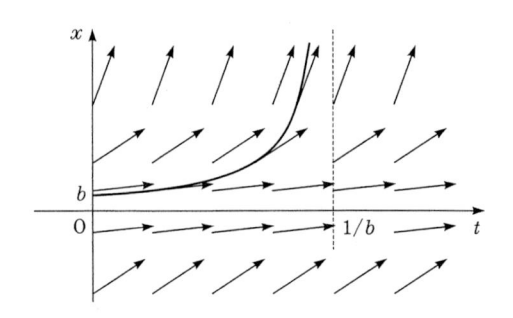

図 8.1 $x' = x^2$, $x(0) = b$ の解は，$b > 0$ のとき有限発散時刻 $t = 1/b$ をもつ．

図 8.1 では，初期値 $b > 0$ から出発する解曲線が，$t = \dfrac{1}{b}$ に近付くに従い，無限大に発散する状況を示す．$t = \dfrac{1}{b}$ を，$b > 0$ に関する非線形方程式 (8.4) の有限発散時刻という．$b = 0$ のときは，解は $x(t) \equiv 0$（恒等的にゼロ）である．$b < 0$ のとき，解は $t \geq 0$ で存在し，$\lim_{t \to \infty} x(t) = 0$ である．このような例に関する数値シミュレーションは，有限発散時刻の手前で数値計算を停止すれば，解は常に存在しているという考えに陥ることがある．実システムにおいて，有限発散時刻があるときは注意を要する． ◆

8.1 解曲線

上記の例では,初期条件について解はただ1つ存在する.解の一意性と存在についての裏付けを与えるものとして次のリプシッツ条件がある.

定義 8.1 関数 $f: I \times S \to \mathbf{R}$ が,x に関し**リプシッツ条件**をみたすとは,不等式

$$|f(t,x) - f(t,y)| \leq L|x-y| \qquad (t \in I, x, y \in S)$$

を成り立たせる定数 $L > 0$ があるときをいう.

例えば,1次関数 $f(x) = ax$ はリプシッツ条件をみたす.実際,$I = \mathbf{R} = S$ として,

$$|f(x) - f(y)| = |a||x-y|$$

から,$L = |a|$ の場合である.

例 8.2

次の関数に関し,リプシッツ条件が成り立っているか調べてみよう.

(1) $f(x) = x^2$ $\qquad (x \in S = \{|x| \leq B\})$
(2) $f(x) = \sin x$ $\qquad (x \in \mathbf{R})$
(3) $f(x) = |x|$ $\qquad (x \in \mathbf{R})$

(1) $|f(x) - f(y)| = |x^2 - y^2| \leq ||x| + |y|| \, |x-y| \leq 2B|x-y|$ より,$L = 2B$ とすればよい.

(2),(3) いずれの場合も $|f(x) - f(y)| \leq |x-y|$ $(x, y \in \mathbf{R})$ が成り立つ. ◆

リプシッツ条件は,微分方程式の解の存在と一意性を示すのに重要な性質である.次の例は,リプシッツ条件が成り立たず,同時に解も一意的ではない.

例 8.3

次の非線形微分方程式

$$x' = 3x^{\frac{2}{3}} \tag{8.5}$$

について，初期条件 $x(0) = 0$ のもとでの解を考えてみよう．$x(t) \equiv 0$（恒等的にゼロ）は 1 つの解である．また，$x(t) = t^3$ も解である．さらに $\alpha \leq 0 \leq \beta$ として，次の関数も解である（図 8.2 を参照）．

$$x(t) = \begin{cases} (t-\alpha)^3 & (t < \alpha), \\ 0 & (\alpha \leq t \leq \beta), \\ (t-\beta)^3 & (\beta < t). \end{cases}$$

このように，正規形微分方程式 $x' = f(t,x)$ を決定する $f(t,x)$ の形によっては，解は存在するが 1 つとは限らない．

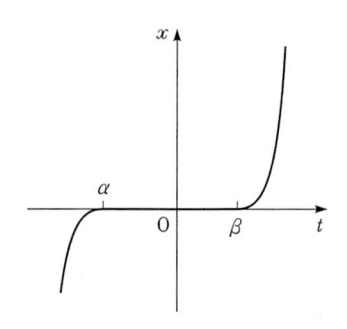

図 8.2 　$x' = x^{2/3}$ の解は，無数に存在し，非一意的である．

また，$f(x) = x^{\frac{2}{3}}$ は $x = 0$ において，リプシッツ条件はみたされていない（例題 8.3 を参照）．　◆

8.1.2　存在と一意性の定理

実数値関数 $f : I \times S \to \mathbf{R}$ は連続とする．ただし，I は開区間 (c,d) で，S は $S \subset \mathbf{R}$ なる領域（この場合は開区間）とする．

本節では，正規形 1 階常微分方程式の初期値問題

$$x' = f(t,x), \quad x(a) = b \qquad (a \in I,\ b \in S) \tag{8.6}$$

の解に関して，存在と一意性を与える条件を考える．初期条件 $x(a) = b$ から出発して，$t = a$ 付近に存在する解を**局所解**という．また，区間 I 全体で存在する解を**大域解**という．

8.1 解曲線

点 $(a,b) \in I \times S$ の十分近い点の集合として，(a,b) の**近傍**（通常は開集合）$R(a,b)$ を，$r, \rho > 0$ として次のように定義する：

$$R(a,b) = \{(t,x) \in I \times S : |t-a| < r,\ |x-b| < \rho\}.$$

上記の集合に，境界の点を加えたものを閉包という．閉包 $\overline{R(a,b)}$ を次のように定義する：

$$\overline{R(a,b)} = \{(t,x) \in I \times S : |t-a| \leq r,\ |x-b| \leq \rho\}$$

である（閉包は閉集合である）．連続性とリプシッツ条件があれば，出発点（初期値）から出る解曲線は近傍付近でただ1つ存在することを，次の定理は述べている．ただし，r, ρ は閉包の定義式で与えられるものとする．

定理 8.1（ピカールの定理）　実数値関数 $f : I \times \overline{R(a,b)} \to \mathbf{R}$ は，$(t,x) \in I \times \overline{R(a,b)}$ に関して連続で，さらに x に関してリプシッツ条件をみたしているとする．このとき，初期値問題 $x' = f(t,x),\ x(a) = b$ の解は一意的に存在し，その存在範囲は，$J = [a-r_1,\ a+r_1]$ である．ただし，$r_1 = \min\left[r, \dfrac{\rho}{M}\right]$，$M = \max\{|f(t,x)| : (t,x) \in \overline{R(a,b)}\}$ である．

ピカールの定理では，解は少なくとも $a-r_1 \leq t \leq a+r_1$ において存在することを意味する．ピカールの定理における「解の存在性」は，例えば，長瀬道弘：「微分方程式」（裳華房）などを参考にされたい．

t が増大する場合について考察する．減少する場合も同様である．M は，解曲線に関する接線の傾きの，$\overline{R(a,b)}$ における最大値である．M が大きく $M \geq \dfrac{\rho}{r}$ のとき，$r_1 = \dfrac{\rho}{M}$ となる．この場合，解曲線の変動が x 方向に大きいため，存在範囲は，今後伸びることもあるが計算上 $t = a+r$ まで伸びることはない（図8.3を参照）．M が大きくなければ，図のように，解曲線は $t = a+r$ まで伸びることになる（図8.4を参照）．

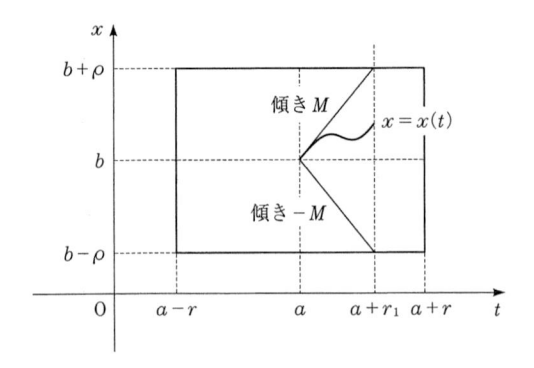

図 8.3 $r \geq \rho/M$ のとき，$r_1 = \rho/M$ であり，解曲線は計算上 $t = a + \rho/M$ の範囲に留まる．

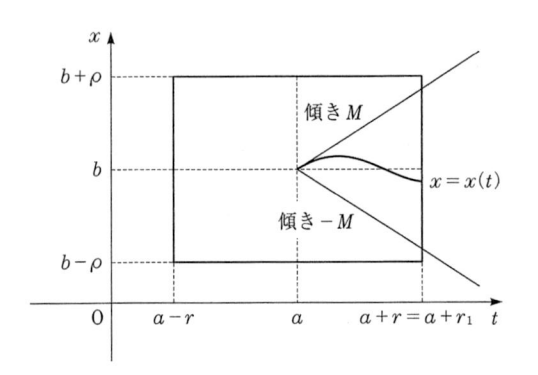

図 8.4 $r \leq \rho/M$ のとき，$r_1 = r$ であり，解曲線は $t = a + r$ まで伸びる．

次のグロンウォールの不等式は，解の存在・延長可能性，漸近挙動を示すのに用いられる．

補題 8.1（グロンウォールの不等式）　区間 I 上の連続関数 $f(t) \geq 0$, $v(t) \geq 0$ と定数 $K \geq 0$ に対し，$a \in I$, $a \leq t$ として，次の不等式が成り立つとする：

$$v(t) \leq K + \int_a^t f(s)v(s)\, ds. \tag{8.7}$$

ただし $t \in I$ とする．このとき，次のグロンウォールの不等式が成り立つ．

$$v(t) \leq K e^{\int_a^t f(s)ds}. \tag{G}$$

グロンウォールの不等式の証明は，例題 8.1 においてされる．

【考察】　グロンウォールの不等式を用いてピカールの定理における「解の**一意性**」を示す．

$x(t)$ ($t \in J \subset I$) 以外に解 $y(t)$ が存在すると仮定すると

$$y' = f(t, y(t)), \quad y(a) = b \qquad (t \in J).$$

上記の第1式を積分すると，$y(t) = b + \int_a^t f(s, y(s))\,ds$ を得る．よって

$$|x(t) - y(t)| \leq \int_a^t |f(s, x(s)) - f(s, y(s))|\,ds \leq \int_a^t L\,|x(s) - y(s)|\,ds.$$

ここでリプシッツ条件を用いた．上の式はグロンウォールの不等式において $K = 0$, $f(t) = L$ (式 (8.7) 参照) の場合であるから

$$|x(t) - y(t)| \leq 0 \cdot e^{L(t-a)} = 0 \qquad (t \in J)$$

が導かれる．したがって，$x(t) \neq y(t)$ に矛盾するから，解は x 以外には存在しない．◆

例 8.4

変数分離形

$$x' = f(t)g(x) \qquad (t \in I,\ x \in S)$$

は，次の条件をみたすものとする (解法は 2.1 節を参照)．ただし，閉区間 $I = [c, d]$, 領域 $S \subset \mathbf{R}$ である．

(1) 関数 $f : I \to \mathbf{R}$ は連続である．このとき，次の定数 $M \geq 0$ が存在する：

$$M = \max_{t \in I} |f(t)|.$$

(2) 関数 $g : S \to \mathbf{R}$ は x に関するリプシッツ条件

$$|g(x) - g(y)| \leq L\,|x - y| \qquad (x, y \in S\ \text{で}, \ L > 0\text{ は }x, y \text{ に無関係な定数}).$$

このとき，任意の初期条件 $(a, b) \in I \times S$ をみたす任意の解は一意的に存在する．なぜならば，微分方程式の右辺を $F(t, x) = f(t)g(x)$ とおくと，条件から，

$$|F(t, x) - F(t, y)| = |f(t)||g(x) - g(y)| \leq LM\,|x - y| \qquad (t \in I,\ x, y \in S).$$

ゆえに，ピカールの定理の条件がすべてみたされる．◆

グロンウォールの不等式は，解の一意性に関して応用される．また，局所解が存在する場合に，解が伸びる可能性についても応用される．特に，線形常微分方程式の初期値問題

$$x' = p(t)x + q(t), \qquad x(a) = b \tag{8.8}$$

の関数 $p, q : I \to \mathbf{R}$ が連続なとき，その解は定義全体の I において存在することが示される（**大域解の存在**）．詳しくは，山本 稔：「常微分方程式の安定性」（実教出版）を参照されたい．

定理 8.2 線形常微分方程式の初期値問題 (8.8) の解は，$p, q \in C(I)$ のとき，I 上の全体で存在する．

例題 8.1

$U(t) = K + \int_a^t f(s)v(s)\,ds$ とおき，グロンウォールの不等式 (G) を導け．

【考察】 積分不等式 (8.7) から，$U(t) = K + \int_a^t f(s)v(s)\,ds$ に関する微分不等式を導く．このとき，$U(t) \geq v(t)$ であり，

$$U'(t) = f(t)v(t) \leq f(t)U(t)$$

であるから，

$$U'(t) - f(t)U(t) \leq 0$$

を得る．これに，$e^{-\int_a^t f(s)ds}\,(>0)$ を掛けると，その左辺は

$$\frac{d}{dt}\left(U(t)\,e^{-\int_a^t f(s)ds}\right)$$

となるから，これを閉区間 $[a,t]$ で積分すると

$$U(t)\,e^{-\int_a^t f(s)ds} - U(a) \leq 0.$$

$U(a) = K$ と $U(t) \geq v(t)$ より，グロンウォールの不等式を得る． ◆

例題 8.2

（1） 閉区間 $I = [c, d]$ $(c < d)$ と $S = [-B, B]$ $(B > 0)$ に対して実数値関数 $f : I \times S \to \mathbf{R}$ は C^1 級とする．このとき，1階常微分方程式の初期値問題

$$x' = f(t, x), \quad x(a) = b \quad (a \in I, \ b \in S)$$

の解は一意的に存在することを示せ．

（2） 関数 f, g は，それぞれ（1）の閉区間 I, S 上で定義される，連続かつ C^1 級の実数値関数とする．このとき，初期値問題

$$x' = f(t)g(x), \quad x(a) = b \quad (a \in I, \ b \in S)$$

の解は一意的に存在することを示せ．

【考察】 （1） C^1 級であるから，f は定義域で連続で，$\dfrac{\partial f}{\partial x}$ が存在する．したがって，平均値の定理から，$t \in I$, $x, y \in S$ について

$$f(t, y) - f(t, x) = \frac{\partial f}{\partial x}(t, r)(y - x) \quad (r = x + \theta(y - x), \ |\theta| < 1)$$

であり，$\left|\dfrac{\partial f}{\partial x}(t, r)\right| \leq M = \max_{t \in I, \ r \in S} \left|\dfrac{\partial f}{\partial x}(t, r)\right|$ なる最大値 $M \geq 0$ が存在する．ゆえに，

$$|f(t, y) - f(t, x)| = \left|\frac{\partial f}{\partial x}(t, r)\right| |y - x| \leq M |y - x|$$

である．f は (t, x) で連続で，x についてリプシッツ条件をみたすことから，微分方程式の解は一意的に存在する．

（2） $t \in I$, $x_1 < x_2$ に対し，

$$|f(t)g(x_1) - f(t)g(x_2)| = \left|f(t)\frac{\partial g}{\partial x}(r)(x_1 - x_2)\right| \leq M |x_1 - x_2|$$

が成り立つ．ただし，$x_1 < r < x_2$, $M = \max \left\{ \left|f(t)\dfrac{\partial g}{\partial x}(x)\right| : t \in I, \ x \in S \right\}$ である．リプシッツ条件が成り立つから，解は一意的に存在する． ◆

例題 8.3

次の関数はリプシッツ条件をみたすかどうか調べよ．

（1） $f(x) = x^{\frac{2}{3}}$　　　（2） $f(x) = \sqrt{|x|}$

【考察】（1）リプシッツ条件 $|x^{\frac{2}{3}} - y^{\frac{2}{3}}| \leq L|x-y|$ をみたす定数 $L > 0$ が存在すると仮定する．$x \neq y$ のとき，$|x^{\frac{1}{3}} + y^{\frac{1}{3}}| \leq L|x^{\frac{2}{3}} + (xy)^{\frac{1}{3}} + y^{\frac{2}{3}}|$ を得る．$u = x^{\frac{1}{3}} = \dfrac{y^{\frac{1}{3}}}{2} > 0$ とおくと，$3 \leq 7Lu$ となるが，$u \to 0$ とすると $3 > 7Lu$ となり，不合理である．よって，$x = 0$ においてリプシッツ条件はみたされない．

（2）　$x = 0$ においてリプシッツ条件はみたされない．　◆

8.2 解の安定性

2次元ベクトル $\boldsymbol{x}(t) = (x(t), y(t))^T$ に関する連立線形常微分方程式の初期値問題

$$\boldsymbol{x}' = A\boldsymbol{x}, \qquad \boldsymbol{x}(0) = \boldsymbol{x}_0 \tag{8.9}$$

の解に関する挙動（時間的推移）を調べてみよう．そのためには，xy 平面上における $\boldsymbol{x}(t)$ の様子を観察することが有効になる場合がある．その平面を**相平面**という．次の典型的な2次正方行列 A の場合を考える．

例 8.5

次の初期値問題 $\boldsymbol{x}' = A\boldsymbol{x}$，$\boldsymbol{x}(0) = (c_1, c_2)^T$ の解曲線を相平面上に描いてみよう．ただし A は

（1）$A = \begin{pmatrix} a & 0 \\ 0 & b \end{pmatrix}$　（2）$A = \begin{pmatrix} a & -b \\ b & a \end{pmatrix}$ $(b \neq 0)$　（3）$A = \begin{pmatrix} a & 1 \\ 0 & a \end{pmatrix}$

とする $(a, b \in \mathbf{R})$．

（1）　初期値問題は，

$$x' = ax, \; y' = by \; : \; x(0) = c_1, \; y(0) = c_2$$

と書ける．このとき，解 $\bm{x}(t) = (x(t), y(t))^T$ は

$$x(t) = c_1 \, e^{at}, \qquad y(t) = c_2 \, e^{bt}$$

と計算される．いずれも $c_1 \neq 0$, $c_2 \neq 0$ のとき，$\left(\dfrac{x}{c_1}\right)^b = \left(\dfrac{y}{c_2}\right)^a$ である．この解曲線を次のように場合分けして図示することができる（$a \geq b$ と仮定してよい）．

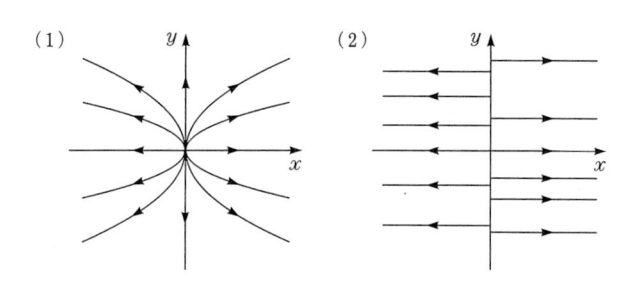

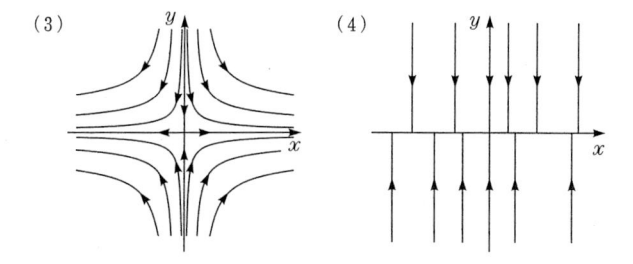

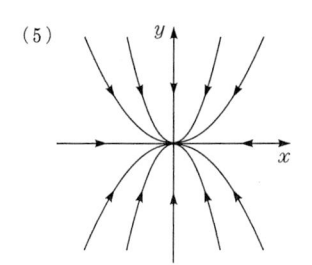

図 8.5　(1) $a \geq b > 0$　(2) $a > b = 0$　(3) $a > 0 > b$
　　　　(4) $0 = a > b$　(5) $0 > a \geq b$

(2) この問題の解は，$\bm{x}(t) = e^{At}\bm{x}_0$ より，

$$\begin{pmatrix} x(t) \\ y(t) \end{pmatrix} = e^{at} \begin{pmatrix} \cos bt & -\sin bt \\ \sin bt & \cos bt \end{pmatrix} \begin{pmatrix} c_1 \\ c_2 \end{pmatrix}$$

である．ゆえに，$x^2 + y^2 = e^{2at}(c_1^2 + c_2^2)$ から，解曲線を場合分けして図示すると，次のようになる．

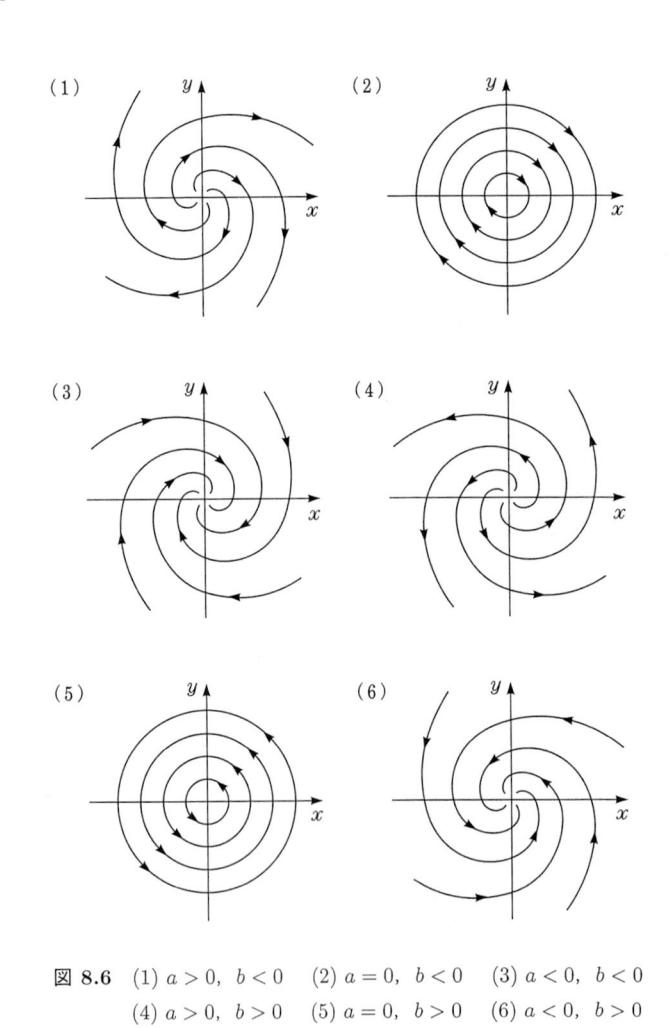

図 8.6 (1) $a > 0,\ b < 0$ (2) $a = 0,\ b < 0$ (3) $a < 0,\ b < 0$
(4) $a > 0,\ b > 0$ (5) $a = 0,\ b > 0$ (6) $a < 0,\ b > 0$

（3） この場合の微分方程式は,
$$x' = ax + y, \qquad y' = ay$$
である. y の解 $y = c_2 e^{at}$ から, $x' = ax + c_2 e^{at}$ を得る. よって, 定数変化法などを用いて, $x = (c_1 + c_2 t)e^{at}$ となる. 次のように場合分けをして図示することができる. ◆

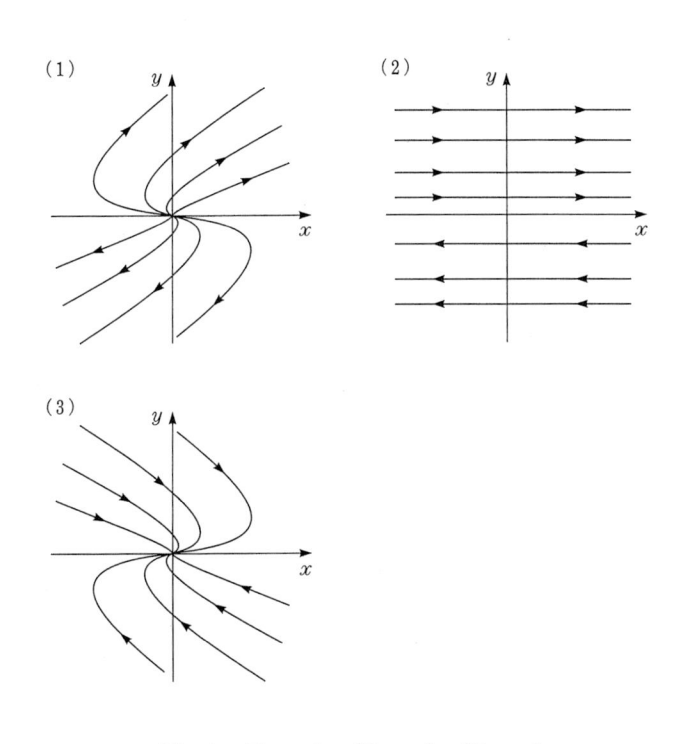

図 8.7　(1) $a > 0$　(2) $a = 0$　(3) $a < 0$

一般に, 2次正方行列 A は, $A\boldsymbol{x} = \alpha \boldsymbol{x}$ によって定まる固有値 α と固有ベクトル $\boldsymbol{x}$ を用いて, 上記の例 8.5（1）−（3）の形に表現することができる：

（1） $AP = P \begin{pmatrix} a & 0 \\ 0 & b \end{pmatrix}$　　　　（2） $AP = P \begin{pmatrix} a & -b \\ b & a \end{pmatrix}$ $(b \neq 0)$

（3） $AP = P \begin{pmatrix} a & 1 \\ 0 & a \end{pmatrix}$

a, b は固有値, 行列 P は固有ベクトルを並べた正則行列である. 詳しくは長瀬

道弘:「微分方程式」(裳華房) などを参照されたい．連立線形常微分方程式の初期値問題 (8.9) の解 $x(t) = e^{At}x_0$ は，次のいずれかの形の一つに表現できる：

(1) $\quad x(t) = P \begin{pmatrix} e^{at} & 0 \\ 0 & e^{bt} \end{pmatrix} P^{-1} x_0$

(2) $\quad x(t) = e^{at} P \begin{pmatrix} \cos bt & -\sin bt \\ \sin bt & \cos bt \end{pmatrix} P^{-1} x_0$

(3) $\quad x(t) = e^{at} P \begin{pmatrix} 1 & t \\ 0 & 1 \end{pmatrix} P^{-1} x_0$

2次元ベクトル $x = (x, y)^T$ の線形微分方程式の初期値問題 (8.9) の解は上記 (1)−(3) タイプに分けることができ，これによって解の変化の様子が特徴付けられる．

次の例は，単振り子の運動を表す非線形常微分方程式である．通常，正弦関数を線形近似して解の挙動は議論される．その近似解析により，真の解と近似解には差が生じるが，その妥当性を示そう．

例 8.6（単振り子の安定性）

単振り子の方程式 $\theta'' = -\omega^2 \sin\theta$（第1章）において，変換 $s = \dfrac{t}{\omega}$, $x(s) = \theta(t)$ とおくと，方程式は

$$\frac{d^2}{ds^2} x(s) = -\sin x(s)$$

となる．あらためて，s を t とおき，$x = x(t)$, $\dfrac{dx}{ds} = x'$, $\dfrac{d^2 x}{ds^2} = x''$ のように表示すると $x'' = -\sin x$ を得る．さらに，$f(x) = x - \sin x$ とおくと方程式は

$$x'' = -x + f(x) \tag{8.10}$$

と表され，これは線形方程式 $x'' = -x$ と非線形項 $f(x)$ の和である．

非線形項 f は，$x = 0$ 付近（$\sin x \fallingdotseq x$ が成り立つ）では十分小である．$0 < r < 1$ として，$|x| \leq r$ のとき，$|f(x)| \leq \dfrac{|x|^3}{6} \dfrac{1}{1-r^2}$ が成り立つ．実際，

8.2 解の安定性

$$|f(x)| = |x - \sin x|$$
$$= \left| \frac{x^3}{6} - \frac{x^5}{120} + \cdots \right|$$
$$\leq \frac{|x|^3}{6}(1 + r^2 + r^4 + \cdots)$$
$$= \frac{|x|^3}{6} \frac{1}{1 - r^2}$$

である．これより，$M = \dfrac{1}{6(1 - r^2)}$ とおく．

単独式 (8.10) は，変換 $x_1 = x$，$x_2 = x'$ により，連立微分方程式

$$\begin{pmatrix} x_1' \\ x_2' \end{pmatrix} = \begin{pmatrix} 0 & 1 \\ -1 & 0 \end{pmatrix} \begin{pmatrix} x_1 \\ x_2 \end{pmatrix} + \begin{pmatrix} 0 \\ f(x_1) \end{pmatrix}$$

に帰着される．ここで，解 x_1 の存在が保証されるならば，$f(x_1(t))$ は既知の関数とみなすことができ，第 5 章の**定数変化法**より，初期条件 $x(a) = A$，$x'(a) = B$ に対する $\boldsymbol{x}(t) = (x_1(t), x_2(t))^T$ は次のように求められる：

$$x_1(t) = A\cos(t - a) + B\sin(t - a) + T(t), \qquad x_2(t) = x_1'(t). \tag{8.11}$$

ただし，$T(t) = \displaystyle\int_a^t \sin(t - s) f(x(s))\, ds$ である．

$|x| \leq r$ のとき，$|T(t)| \leq 2Mr^3$ である．同様に $|T'(t)| \leq 2Mr^3$ が成り立つ．初期値 A，B がいずれも微小であるとき $Mr^3 \doteqdot 0$ とみなせば，式 (8.10) の解は次のような近似的な形でみなすことができる：

$$x(t) = A\cos(t - a) + B\sin(t - a),$$
$$x'(t) = -A\sin(t - a) + B\cos(t - a).$$

このように，初期条件の値が十分小で，解の大きさ $|x(t)|$ も小である場合 (すなわち解は零解 $x = 0$ の値に近い場合)，方程式 (8.10) の零解は**安定**であるという．特に，安定性の度合いが初期時刻によらない場合を**一様安定性**という．したがって，式 (8.10) の零解 $x = 0$ は一様安定である． ◆

定義 8.2（一様安定性） 時刻 $t \in \mathbf{R}$ に対する n 階常微分方程式
$$x^{(n)} = f(t, x, x', \cdots, x^{n-1}) \qquad [f(t, 0, 0, \cdots, 0) \equiv 0] \qquad (8.12)$$
は，〔 〕内の条件より自明な解 $x = 0$ をもつこととなる．任意の十分小さな $\varepsilon > 0$ に対し，さらに微小な正数 $\delta \leq \varepsilon$ をとり，任意の初期時刻 a に対する初期値 $x(a) = b_0$, $x'(a) = b_1$, $\cdots$, $x^{(n-1)}(a) = b_{n-1}$ が
$$|b_0| \leq \delta, \quad |b_1| \leq \delta, \quad \cdots, \quad |b_{n-1}| \leq \delta$$
をみたし，初期値問題の任意解 $x(t)$ が
$$|x(t)| \leq \varepsilon, \quad |x'(t)| \leq \varepsilon, \quad \cdots, \quad |x^{(n-1)}(t)| \leq \varepsilon \qquad (t \geq a)$$
をみたすならば，自明な解 $x = 0$ は**一様安定**であるという．

連立常微分方程式の初期値問題

n 次元ベクトル空間における常微分方程式の初期値問題 $\boldsymbol{x}' = \boldsymbol{f}(t, \boldsymbol{x})$, $\boldsymbol{x}(a) = \boldsymbol{b}$ の解の存在と一意性を導くための（十分）条件を述べる．すでに，8.1.2 節では，実数値関数 $f(t, x)$ の微分方程式 $x' = f(t, x)$ の場合を扱った．その存在定理のアイデアを用いて，ベクトル値関数の微分方程式に関する存在定理を紹介する．議論のためには，ベクトル $\boldsymbol{x} = (x_1, x_2, \cdots, x_n)^T$ の大きさを意味する**ノルム** $\|\boldsymbol{x}\|$ が必要となる．その定義はいくつか考えられており，例えば，次の 2 種の定義式がよく知られている（両者は異なるものであるから，混用してはいけない）：
$$\|\boldsymbol{x}\| = \sqrt{\sum_{k=1}^n |x_k|^2} \quad (\text{ユークリッドノルム}), \qquad \|\boldsymbol{x}\| = \sum_{k=1}^n |x_k|.$$
また，n 次正方行列 $A = (a_{jk})$ に関して，次の不等式は有効である：
$$\|A\boldsymbol{x}\| \leq \|A\| \|\boldsymbol{x}\|.$$
ただし，$\|A\|$ は A のノルムを表し，例えば $\|A\| = \sum_{j,k=1}^n |a_{jk}|$ などである．

区間 $I \subset \mathbf{R}$ と領域 $S \subset \mathbf{R}^n$ に対し，ベクトル値関数 $\boldsymbol{f} : I \times S \to \mathbf{R}^n$ は連続と

する．n 次元ベクトル空間における正規形1階常微分方程式の初期値問題

$$x' = f(t, x), \quad x(a) = b \quad (a \in I, \ b \in S)$$

の解について，存在と一意性を与える条件を考える．1次元空間のときと同様に，点 (a, b) の**近傍** $R(a, b)$ を，$r, \rho > 0$ として次のように定義する：

$$R(a, b) = \{(t, x) \in I \times S : |t - a| < r, \ \| x - b \| < \rho\}.$$

またその**閉包** $\overline{R(a, b)}$ を

$$\overline{R(a, b)} = \{(t, x) \in I \times S : |t - a| \leq r, \ \| x - b \| \leq \rho\}$$

で定義する．

ベクトル値関数 $f : I \times S \to \mathbf{R}^n$ が，x に関しリプシッツ条件をみたすとは，任意の $t \in I$，$x, y \in S$ について

$$\| f(t, x) - f(t, y) \| \leq L \| x - y \|$$

を成り立たせる定数 $L > 0$ が存在するときをいう．

連続性とリプシッツ条件があれば，出発点から出る解曲線は近傍付近で存在することを，次の定理は述べている．ただし，r, ρ は閉包の定義式で与えられるものとする．

定理 8.3（ピカールの定理） ベクトル値関数 $f : I \times \overline{R(a, b)} \to \mathbf{R}^n$ は，$(t, x) \in I \times \overline{R(a, b)}$ に関して連続で，さらに x に関してリプシッツ条件をみたしているとする．このとき，初期値問題 $x' = f(t, x)$，$x(a) = b$ の解は一意的に存在し，その存在範囲は $J = [a - r_1, \ a + r_1]$ である．ただし，$r_1 = \min\left[r, \dfrac{\rho}{M}\right]$，$M = \max\{\| f(t, x) \| : (t, x) \in \overline{R(a, b)}\}$ である．

証明は，実数値関数 $f : I \times \overline{R(a, b)} \to \mathbf{R}$ の場合と同様にできる．詳しくは，山本 稔：「常微分方程式の安定性」（実教出版）を参照されたい．

例 8.7

有界閉区間 $I=[c,d]$ 上で，t について連続な n 次正方行列 A と $\mathbf{R}^n$ 値連続関数 $\boldsymbol{b}(t)$ に対して，線形微分方程式 $\boldsymbol{x}'=A(t)\boldsymbol{x}+\boldsymbol{b}(t)$ の解は，I 上で一意的に存在することを示してみよう．

$\boldsymbol{f}(t,\boldsymbol{x})=A(t)\boldsymbol{x}+\boldsymbol{b}(t)$ とおく．積 $A\boldsymbol{x}$ と $\boldsymbol{b}(t)$ の和も連続となるから，$\boldsymbol{f}(t,\boldsymbol{x})$ は $(t,\boldsymbol{x})$ に関して連続である．行列 A は有界閉区間 I 上で連続（すなわち有界）であるから，$\|A(t)\|\leq L\;(t\in I)$ となる正数 L が存在する．よって，$t\in I,\;\boldsymbol{x},\boldsymbol{y}\in\mathbf{R}^n$ のとき，

$$\|\boldsymbol{f}(t,\boldsymbol{y})-\boldsymbol{f}(t,\boldsymbol{x})\|=\|A(t)(\boldsymbol{y}-\boldsymbol{x})\|\leq\|A(t)\|\|\boldsymbol{y}-\boldsymbol{x}\|\leq L\|\boldsymbol{x}-\boldsymbol{y}\|$$

が成り立つ．したがって，リプシッツ条件がみたされる．定理 8.3 より，n 元の線形常微分方程式の解は，$A,\boldsymbol{b}$ が連続である有界閉区間 I 上で一意的に存在する．◆

関数 $\boldsymbol{f}$ が非線形であっても，C^1 級ならば，初期値問題の解は一意的に存在する．

一様漸近安定性

例 8.8 （空気抵抗が働く単振り子）

伸縮しない糸につり下げられた質量 m の質点の単振り子運動を考える．糸と鉛直線のなす角を x とするとき，質点に空気抵抗 kx'（x' は角速度）が働く場合の運動方程式は，$mx''+kx'=-mg\sin x$ で表される．簡単には

$$x''+x'+\sin x=0 \tag{8.13}$$

とする．この方程式は自明な解 $x=0$ をもち，微小振動は指数的にゼロに収束する．◆

エネルギー関数にも相当する，次の**リアプノフ関数**

$$V(x,y)=\frac{(x+y)^2}{2}+y^2+3(1-\cos x) \qquad (y=x')$$

を用いると，$x=0$ は**漸近安定**であることが示される．すなわち，初期値問題の解 $x(t)$ は，次の 2 つの性質で特徴付けられる：

8.2 解の安定性

定義 8.3 一般に，$x=0$ を解にもつ 2 階常微分方程式 (8.12) を考える．

(i) 自明な解 $x=0$ は一様安定である．

(ii) $t \to \infty$ のとき，$|x(t)| \to 0$ である（**吸引性**あるいは**吸収性**）．

このとき，2 階常微分方程式 (8.12) の自明解 $x=0$ は，**漸近安定**であるという．

連立微分方程式の初期値問題

$$x'(t) = f_1(t,x,y), \quad y'(t) = f_2(t,x,y)$$
$$x(a) = x_0, \quad y(a) = y_0 \tag{8.14}$$

において，$f_1(t,0,0) = f_2(t,0,0) = 0$ $(t \geq 0)$ と仮定する．xy 平面における一様安定性 [US]（uniform stability），吸引性 [A]（attractiveness）を図 8.8 − 8.9 に図示する．

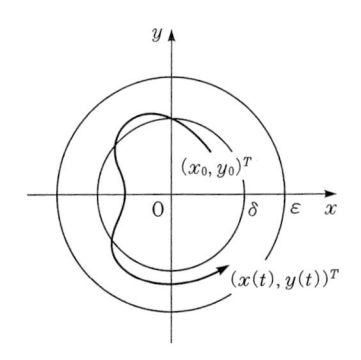

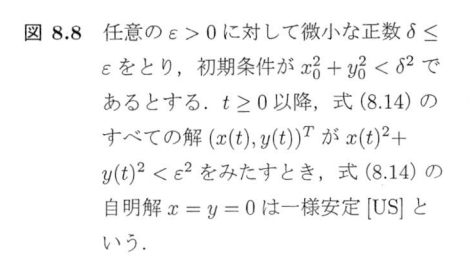

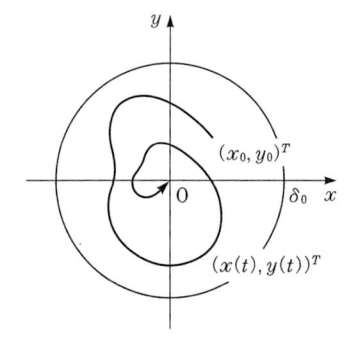

図 8.8 任意の $\varepsilon > 0$ に対して微小な正数 $\delta \leq \varepsilon$ をとり，初期条件が $x_0^2 + y_0^2 < \delta^2$ であるとする．$t \geq 0$ 以降，式 (8.14) のすべての解 $(x(t), y(t))^T$ が $x(t)^2 + y(t)^2 < \varepsilon^2$ をみたすとき，式 (8.14) の自明解 $x = y = 0$ は一様安定 [US] という．

図 8.9 微小な $\delta_0 > 0$ 内にある点 $(x_0, y_0)^T$ から出る，式 (8.14) のすべての解 $(x(t), y(t))^T$ が時間の経過にしたがって原点 O に近づくとき，式 (8.14) の自明解 $x = y = 0$ は吸引（吸収）的 [A] であるという．

式 (8.13) の自明解が，漸近安定であること，すなわち [US] であり [A] であることを，上記のリアプノフ関数を用いて示そう．式 (8.13) において，$y = x'$，$f(x) = x - \sin x$ とおくと，次の連立微分方程式を得る：

$$\begin{pmatrix} x' \\ y' \end{pmatrix} = \begin{pmatrix} 0 & 1 \\ -1 & -1 \end{pmatrix} \begin{pmatrix} x \\ y \end{pmatrix} + \begin{pmatrix} 0 \\ f(x) \end{pmatrix}. \tag{8.15}$$

リアプノフ関数は次の不等式をみたす：

$$\frac{x^2 + y^2}{2} \leq V(x, y) \leq \frac{5}{2}(x^2 + y^2) \tag{8.16}$$

実際，$1 - \cos x = 2\sin^2\left(\frac{x}{2}\right)$ と $\frac{2x}{\pi} \leq \sin x \leq x$ $(0 \leq x \leq \pi/2)$ であることから，$\frac{6}{\pi^2}x^2 + y^2 \leq y^2 + 3(1 - \cos x) \leq \frac{3}{2}(x^2 + y^2)$ を得る．ここで，$\frac{6}{\pi^2} \geq \frac{1}{2}$ より，

$$\frac{x^2 + y^2}{2} \leq y^2 + 3(1 - \cos x) \leq \frac{3}{2}(x^2 + y^2)$$

となる．また，$0 \leq \frac{(x+y)^2}{2} \leq x^2 + y^2$ から，上記のとおり $V(x, y)$ の評価式を得る．

次に，解 $(x(t), y(t))^T$ のベクトルのノルムの増減を示す式を求める．そのために，$V(x, y)$ に $x = x(t)$，$y = y(t)$ を代入して，t について微分すると

$$\frac{dV}{dt}(x(t), y(t)) = \frac{\partial V}{\partial x}\frac{dx}{dt} + \frac{\partial V}{\partial y}\frac{dy}{dt} = (x + y + 3\sin x)y + (x + 3y)(-y - \sin x)$$
$$= -(x\sin x + 2y^2).$$

さらに，$V'(x(t), y(t))$ について，$|x| \leq \frac{\pi}{2}$ である限り次の不等式を得る：

$$V'(x(t), y(t)) \leq \frac{-1}{5} V(x(t), y(t)). \tag{8.17}$$

実際，$x\sin x + 2y^2 \geq \frac{2x^2}{\pi} + 2y^2 \geq \frac{x^2 + y^2}{2}$ と式 (8.16) から得られる．式 (8.17) の 2 項を左辺にまとめて，$e^{\frac{t}{5}}$ を掛けて，積分変数を t から s に換えて，区間 $[0, t]$ で積分すると

$$\int_0^t \left\{ V'(x(s), y(s)) + \frac{1}{5}V(x(s), y(s)) \right\} e^{\frac{s}{5}} \, ds \leq 0.$$

8.2 解の安定性

得られた不等式の左辺は $V(x(t),y(t))\,e^{\frac{t}{5}} - V(x(0),y(0)) = V(x(t),y(t))\,e^{\frac{t}{5}} - V(x_0,y_0)$ であり,式 (8.16) を用いると次の不等式が得られる:

$$\frac{x(t)^2 + y(t)^2}{2} \leq V(x(t),y(t)) \leq V(x_0,y_0)\,e^{-\frac{t}{5}} \leq \frac{5}{2}(x_0^2 + y_0^2)e^{-\frac{t}{5}}. \qquad (8.18)$$

この不等式より,$x(t)^2 + y(t)^2 \to 0 \ (t \to \infty)$ が直ちにいえる.よって,式 (8.13) の自明解は吸引的 [A] である.さらに,任意の $\varepsilon > 0$ に対して,$\delta^2 = \dfrac{\varepsilon^2}{5}$ として,初期条件が $x_0^2 + y_0^2 < \delta^2$ ならば,$t \geq 0$ 以降,式 (8.13) のすべての解 $(x(t),y(t))^T$ は,$x(t)^2 + y(t)^2 < \varepsilon^2$ である.したがって,式 (8.13) の自明解は一様安定 [US] である.以上より,式 (8.13) の自明解 $x = y = 0$ は漸近安定である.

参　考　書

[1]　山本 稔，坂田定久：解析学要論 I，裳華房 (1989).

[2]　長瀬道弘：微分方程式，裳華房 (1993).

[3]　吉沢太郎：微分方程式入門，朝倉書店 (1966).

[4]　山本 稔：常微分方程式の安定性，実教出版 (1979).

[5]　杉山昌平：ラプラス変換入門，実教出版 (1977).

[6]　Gripenberg, London and Staffans: Volterra Integral and Functional Equations, Encyclopedia of Mathematics and its Applications, Cambridge Univ. Press, 1990.

[7]　T. A. Burton: Volterra Integral and Differential Equations, Academic Press, 1983.

[8]　山口昌哉：非線型現象の数学，朝倉書店 (1972).

[9]　V. Lakshmikanthan and R. N. Mohapatra: Theory of Fuzzy Differential Equations and Inclusions, Taylor & Francis, 2003.

[10]　アトキンス：物理化学 (下) 第 6 版，千原秀昭，中村亘男 訳，東京化学同人 (1998).

[11]　内藤敏機，原惟行，日野義之，宮崎倫子：タイムラグをもつ微分方程式，牧野書店 (2002).

問　題　解　答

第 2 章

問題 2.1　(1)　$x = 1 + ct^2(x+1)$, $x = -1$　　(2)　$\dfrac{1}{x^2} + 2x = \dfrac{-1}{t^2} + 2\log t + c$, $x = 0$

(3)　$\dfrac{1}{x} + \dfrac{1}{2t^2} = c$, $x = 0$　　(4)　$\log\left|\tan\dfrac{x}{2}\right| + 2\cos t = c$, $\sin x = 0$

(5)　$x = -\log\left(\dfrac{t^3}{3} + c\right)$　　(6)　$x^2(x^2 + 2t^2) = c$　　(7)　$(x-2t)^3(x+2t-4) = c$

(8)　$x = \dfrac{t}{-\log t + c}$, $x = 0$　　(9)　$x = \dfrac{c}{t} - 1 + \log t$　　(10)　$x = e^{-t}\left(1 + \dfrac{c}{t}\right)$

(11)　$x = ct^2 e^{\frac{1}{t}} + t^2$　　(12)　$x = ce^{\frac{k}{n+1}t^{n+1}} - \dfrac{1}{k}$　　(13)　$x = (-\cos t + c)e^{t^2}$

(14)　$\theta = \theta_0 + (T_0 - \theta_0)e^{-\frac{q}{k}(t-t_0)}$　　(15)　$\dfrac{x - [B]_0}{x - [A]_0} \dfrac{[A]_0}{[B]_0} = e^{k([B]_0 - [A]_0)t}$

(16)　$x = \{(n-1)kt + x_0^{1-n}\}^{\frac{1}{1-n}}$

問題 2.2　(1)　略　　(2)　$x^{k_3} y^{k_1 a} = x_0^{k_3} y_0^{k_1 a} e^{k_2(x - x_0 + y - y_0)}$

(3)　$I(S) = \dfrac{a}{r}\log S - S + c_1$, $R(S) = \dfrac{-a}{r}\log S + c_2$

問題 2.3　(1)　$e^x + 4xy + \cos y = c$　　(2)　$x^2 + 2xy^2 = c$　　(3)　$x^3 + 3x^2 y = c$

(4)　$y\sin x - \dfrac{x^3}{3} + \dfrac{y^2}{2} = c$　　(5)　$x^3 + xy^2 = c$　　(6)　$x^2 y - \sin x - y = c$

(7)　$\dfrac{x^4}{4} + e^x \sin y + xy^3 + \dfrac{x^4}{4} = c$　　(8)　$\dfrac{x^2}{2} + xy = c$

問題 2.4　(1)　$(x^2 + y)e^x = c$　　(2)　$xy^4 - x^3 y^2 = c$　　(3)　$e^x y^2 + \dfrac{2}{x} - \dfrac{y}{x^2} = c$

(4)　$x^3 y^2 - y^4 = c$　　(5)　$\log(x + y + 1) + x^2 = c$　　(6)　$\dfrac{x^2 y^2}{2} - \log y = c$

(7)　$y = x + \left(c + \dfrac{1}{x}\sin x\right)^{\frac{1}{3}}$　　(8)　$\dfrac{x^2}{2} - \dfrac{1}{y} - xy = c$　　(9)　$x - 1 + \log(x + y - 1) = c$

(10)　$y + \operatorname{Tan}^{-1}\dfrac{y}{x} = c$　　(11)　$y = ce^{x-y}$　　(12)　$(3x^4 + 4x^3)y^{12} = c$

問題 2.5　(1)　略　　(2)　$\log(x^n + y^n) + \operatorname{Tan}^{-1}\left(\dfrac{y}{x}\right)^{\frac{n}{2}} = c$

問題 2.6　(1)　$x = \pm\sqrt{(A_0 - 2e^{-t})}\,e^t$　　(2)　$x = \pm\dfrac{1}{\sqrt{2 + A_0\,e^{\frac{t^2}{2}}}}$

(3) $x = tA - \log A \ (A \neq 0), \ x = \log t + 1$ (4) $x = tA - \dfrac{A^3}{3} \ (A \in \mathbf{R}), \ x = \pm\dfrac{2}{3}t^{\frac{3}{2}}$

問題 2.7 (1) $y = \dfrac{1}{t} + \dfrac{3t^2}{c - t^3}$ (2) $y = \dfrac{1}{t} + \dfrac{1}{c - t}$

問題 2.8 略

第 3 章

問題 3.1 (1) $x = A e^t + B e^{2t}$ (2) $x = (A + Bt)e^{-3t}$ (3) $x = (A \cos 2t + B \sin 2t)e^{-t}$

(4) $x = A e^{2t} + B e^{-2t}$ (5) $x = A e^{2t} + B e^{3t}$ (6) $x = (A + Bt)e^{2t}$

(7) $x = At + Bt^2$ (8) $x = (A + B \log t)\dfrac{1}{t^3}$ (9) $x = (A \cos \log t^2 + B \sin \log t^2)\dfrac{1}{t}$

(10) $x = At^2 + \dfrac{B}{t^2}$ (11) $x = At^2 + Bt^3$ (12) $x = (A + B \log t)t^2$

問題 3.2 (1) $x(t) = A e^{-t} + B e^{-2t} + \dfrac{1}{20}e^{3t}$ (2) $x(t) = A e^{-t} + B e^{-2t} - t e^{-2t}$

(3) $x(t) = (A + Bt)e^{-t} + \dfrac{1}{2}t^2 e^{-t}$ (4) $x(t) = (A + Bt)e^{2t} + \dfrac{1}{9}e^{-t}$

(5) $x(t) = e^{\frac{t}{2}}\left(A \cos \dfrac{\sqrt{3}\,t}{2} + B \sin \dfrac{\sqrt{3}\,t}{2}\right) + e^t \sin t$

(6) $x(t) = e^t(A \cos t + B \sin t) - \dfrac{t e^t}{2}\cos t$ (7) $x(t) = A e^t + B e^{-t} - (t^2 + 2)$

(8) $x(t) = (A + Bt)e^{3t} + \dfrac{1}{9}\left(t + \dfrac{2}{3}\right) + \dfrac{1}{50}(4\sin t + 3\cos t)$

(9) $x(t) = A \cos t + B \sin t + t^2 - 1 - \dfrac{t}{2}\sin t$

(10) $x(t) = A e^t + B e^{-t} - \dfrac{e^t}{5}\left\{t(2\cos t + \sin t) + \dfrac{2\cos t - 14\sin t}{5}\right\}$

(11) $x(t) = (A + Bt)e^t + \dfrac{1}{12}t^4 e^t$

(12) $x(t) = A \cos t + B \sin t + e^t\left\{\dfrac{\cos t + 2\sin t}{5}\right\}$

(13) $x(t) = A e^t - \{t^k + kt^{k-1} + k(k-1)t^{k-2} + \cdots + k!\,t + k!\}$

(14) $x(t) = A e^t - \dfrac{t(\cos t + \sin t) + \cos t}{2}$ (15) $x(t) = A e^t + t e^t$

(16) $x(t) = At^2 + Bt^{-2} + \dfrac{1}{4}t^2 \log t$ (17) $x(t) = At^2 + Bt^3 + \dfrac{1}{6}\log t + \dfrac{5}{36}$

(18) $x(t) = (A + B \log t)t^2 - t^2 \cos(\log t) + \dfrac{1}{4}$

問題 3.3 (1) $x(t) = e^{\alpha t}(A + tB) + e^{\alpha t}\displaystyle\int^t (t - s)e^{-\alpha s}f(s)\,ds$

(2)　$x(t) = A e^{\alpha_1 t} + B e^{\alpha_2 t} + e^{\alpha_2 t} \int^t \dfrac{e^{-\alpha_2 s} f(s)}{\alpha_2 - \alpha_1} ds - e^{\alpha_1 t} \int^t \dfrac{e^{-\alpha_1 s} f(s)}{\alpha_2 - \alpha_1} ds$

(3)　$x(t) = e^{pt}(A \cos qt + B \sin qt) + \int^t \dfrac{e^{p(t-s)} \sin\{q(t-s)\} f(s)}{q} ds,\ p = -\dfrac{a}{2},\ q = \dfrac{\sqrt{4b - a^2}}{2}$

問題 3.4　ロンスキアンを計算する．$W(t) = e^{-\int^t a_1(s)\, ds} \neq 0$．

問題 3.5　(1)　略　　(2)　略　　(3)　略　　(4)　略

(5)　$x = A e^{-t^2} + Bt e^{-t^2} + \dfrac{t^3 e^{-t^2}}{6}$

問題 3.6　(1)　$x(t) = A x_1(t) + B \dfrac{\log t}{1 - t}$　　(2)　$x(t) = A x_1(t) + B\left(t \log t + \dfrac{1}{2t} \right)$

(3)　$x(t) = A x_1(t) + \dfrac{B}{t} - 1$　　(4)　$x(t) = A x_1(t) + B e^t + 1$

(5)　$x(t) = A x_1(t) + Bt e^{2t} + \dfrac{t^2 e^{2t}}{2}$　　(6)　$x(t) = A x_1(t) + B \dfrac{1}{t^2}$

第 4 章

問題 4.1　(1)　$x(t) = (A_1 t^{n-1} + A_2 t^{n-2} + \cdots + A_n) e^{\alpha t}$　　(2)　$x(t) = A e^{\alpha_1 t} + B e^{\alpha_2 t} + C e^{\alpha_3 t}$

(3)　$x(t) = e^{ct}(A_1 \cos dt + A_2 \sin dt) + e^{at}(A_3 \cos bt + A_4 \sin bt)$

(4)　$x(t) = e^{at}\{(B_1 t + B_2) \cos bt + (B_3 t + B_4) \sin bt\}$

(5)　$x(t) = e^{\alpha t}(A_1 t^{n-1} + A_2 t^{n-2} + \cdots + A_n) + e^{\alpha t} \int^t \dfrac{(t-s)^{n-1}}{(n-1)!} e^{-\alpha s} f(s)\, ds$

(6)　$x = A + B e^t + C e^{-t} + \dfrac{t e^t}{2} + \dfrac{e^{2t}}{6}$

(7)　$x(t) = e^{-t}(c_0 + c_1 t) + e^{\frac{t}{2}}(c_2 + c_3 t)\left(A \cos \dfrac{\sqrt{3}\, t}{2} + B \sin \dfrac{\sqrt{3}\, t}{2} \right) + t^3 - 12$

(8)　$x(t) = A + Bt + C e^{-t} + \dfrac{t^4}{12} - \dfrac{t^3}{3} + t^2$

(9)　$x(t) = A e^t + B e^{2t} + C e^{3t} + \dfrac{1}{10}\left\{ \dfrac{4}{5} \sin t - \left(t + \dfrac{6}{5} \right) \cos t \right\}$

(10)　$x(t) = e^t(A_1 t^{n-1} + A_2 t^{n-2} + \cdots + A_n) + \dfrac{e^{3t}}{2^n}\left\{ t^2 - nt - \dfrac{n(n-1)}{4} + \dfrac{n^2}{2} \right\}$

(11)　$x(t) = e^t(A + Bt + Ct^2) + \dfrac{11 \cos 2t - 2 \sin 2t}{125} + \dfrac{t \sin t + 3 \sin t - t \cos t}{4}$

(12)　$x(t) = A e^{-t} + B \cos 2t + C \sin 2t + \dfrac{1}{20}\{ t(\sin 2t - 2 \cos 2t) \}$

第 5 章

問題 5.1 （1） $\begin{pmatrix} x(t) \\ y(t) \\ z(t) \end{pmatrix} = \begin{pmatrix} e^{-t} & 0 & e^{2t} \\ \dfrac{-e^{-t}}{2} & \dfrac{e^{-t}}{2} & e^{2t} \\ \dfrac{-e^{-t}}{2} & \dfrac{-e^{-t}}{2} & e^{2t} \end{pmatrix} \begin{pmatrix} A \\ B \\ C \end{pmatrix}$

（2） $\begin{pmatrix} x(t) \\ y(t) \end{pmatrix} = \dfrac{e^{2t}}{2} \begin{pmatrix} 2\cos 3t & 2\sin 3t \\ \cos 3t - \sin 3t & \cos 3t + \sin 3t \end{pmatrix} \begin{pmatrix} A \\ B \end{pmatrix}$

（3） $\begin{pmatrix} x(t) \\ y(t) \\ z(t) \end{pmatrix} = \begin{pmatrix} e^{2t} & -te^{2t} & te^{2t} \\ 0 & e^{3t} & 0 \\ 0 & -e^{2t}+e^{3t} & e^{2t} \end{pmatrix} \begin{pmatrix} A \\ B \\ C \end{pmatrix}$

（4） $\begin{pmatrix} x(t) \\ y(t) \\ z(t) \end{pmatrix} = \begin{pmatrix} e^{t} & -e^{-t} & 1 \\ e^{t} & e^{-t} & 0 \\ e^{t} & -e^{-t} & 0 \end{pmatrix} \begin{pmatrix} A \\ B \\ C \end{pmatrix}$ （5） $x(t) = Ae^{t}, \ y(t) = Be^{2t} - Ae^{t}$

（6） $x(t) = 3Ae^{t} - 2Be^{-4t}, \ y(t) = Ae^{t} + Be^{-4t}$

（7） $x(t) = e^{3t}(A + Bt), \ y(t) = e^{3t}\{A + B(1+t)\}$

（8） $x(t) = Ae^{2t} + Be^{-4t}, \ y(t) = 2Ae^{2t} - 4Be^{-4t}$

（9） $x(t) = e^{2t}(A + Bt), \ y(t) = e^{2t}\left\{-A + B\left(\dfrac{1}{3} - t\right)\right\}$

（10） $x(t) = e^{2t}(A\cos t + B\sin t), \ y(t) = e^{2t}\{(-A+B)\cos t - (A+B)\sin t\}$

（11） $x(t) = e^{4t}(A + Bt), \ y(t) = e^{4t}\{A + B(t-1)\}$

（12） $x(t) = A\cos t + B\sin t, \ y(t) = (-3A - B)\cos t + (A - 3B)\sin t$

（13） $x(t) = Ae^{-2t}, \ y(t) = -2Ae^{-2t}$

（14） $x(t) = Ae^{t} + Be^{-t} + C\cos t + D\sin t, \ y(t) = \dfrac{-A}{3}e^{t} - \dfrac{B}{3}e^{-t} - C\cos t - D\sin t$

問題 5.2 $x_1(t) = A_1 \cos\left(t\sqrt{\dfrac{k}{M}}\right) + A_2 \sin\left(t\sqrt{\dfrac{k}{M}}\right) + A_3 e^{-t\sqrt{\frac{kW^2}{2I}}} + A_4 e^{t\sqrt{\frac{kW^2}{2I}}}$,

$x_2(t) = A_1 \cos\left(t\sqrt{\dfrac{k}{M}}\right) + A_2 \sin\left(t\sqrt{\dfrac{k}{M}}\right) - A_3 e^{-t\sqrt{\frac{kW^2}{2I}}} - A_4 e^{t\sqrt{\frac{kW^2}{2I}}}$.

$A_4 \neq 0$ のとき，$\lim_{t\to\infty} |x_1(t)| = \lim_{t\to\infty} |x_2(t)| = \infty$ であるから，橋は不安定となり崩壊に至る．

問題 5.3 略

問題 5.4 非斉次式は，連立線形常微分方程式 $\boldsymbol{x}' = A(t)\boldsymbol{x} + \boldsymbol{f}(t)$ のように帰着される．ただし，ベクトル $\boldsymbol{x} = (x, x', \cdots, x^{(n-1)})$ であり，$A(t), \boldsymbol{f}(t)$ はおのおの，5.1.1 節で与えられる行列とベクトルである．定理

問 題 解 答

5.6 から，上記の連立微分方程式の基本行列 $X(t) = (\psi_{ij}(t))$，その逆行列 $X^{-1}(t) = (\phi_{ij}(t))$ を用いると，連立微分方程式のベクトル値の解 $\boldsymbol{x}$ は，$\boldsymbol{c} = (c_1, c_2, \cdots, c_n)^T$ を任意ベクトル，a を初期時刻として

$$\boldsymbol{x}(t) = \left(\sum_{k=1}^{n} \psi_{ik}(t)\phi_{kj}(a)\right)\boldsymbol{c} + \int_a^t \left(\sum_{k=1}^{n} \psi_{ik}(t)\phi_{kj}(s)\right)\boldsymbol{f}(s)\,ds$$

である．$\boldsymbol{x}$ の第 1 成分 x が，n 階非斉次線形常微分方程式の初期値問題の解であるから，

$$x(t) = \sum_{j=1}^{n}\sum_{k=1}^{n} \psi_{1k}(t)\phi_{kj}(a)c_j + \int_a^t \sum_{k=1}^{n} \psi_{1k}(t)\phi_{kn}(s)f(s)\,ds$$

となる．第 1 項は，初期条件によって決まる一般解 x_0，第 2 項は初期条件に依存しない特殊解 y である．

問題 5.5　（1）$x(t) = Ae^t + Be^{-t} - \dfrac{t}{2}e^t$, $y(t) = -4Ae^t - 2Be^{-t} + \dfrac{1}{2}e^t + 2te^t$

（2）$x(t) = Ae^t + Be^{-t} - \dfrac{1}{2}\sin t$, $y(t) = -4Ae^t - 2Be^{-t} + \dfrac{3}{2}\sin t - \dfrac{1}{2}\cos t$

（3）$x(t) = A\cos t + B\sin t + \dfrac{1}{8}\{t\cos t + (2t^2 + t - 1)\sin t\}$,
$y(t) = \left(A - B - \dfrac{1}{8}\right)\cos t + \left(A + B + \dfrac{1}{8}\right)\sin t + \dfrac{1}{8}\{(-2t^2 + 1)\cos t + (2t^2 - 2t - 1)\sin t\}$

（4）$x(t) = A\cos t + B\sin t + \dfrac{t}{2} + 1$, $y(t) = (-3A - B)\cos t + (A - 3B)\sin t + 2t - 2$

（5）$x(t) = Ae^{-2t} + \dfrac{1}{3}e^t$, $y(t) = -2Ae^{-2t} + \dfrac{4}{3}e^t$

（6）$x(t) = Ae^t + Be^{-t} + C\cos t + D\sin t + \dfrac{6}{15}e^{2t}$,
$y(t) = \dfrac{-A}{3}e^t - \dfrac{B}{3}e^{-t} - C\cos t - D\sin t - \dfrac{1}{15}e^{2t}$

問題 5.6　$\rho = \sqrt{\dfrac{3g(m+M)}{\ell(m+4M)}}$ として

$$\theta(t) = Ae^{\rho t} + Be^{-\rho t} + \dfrac{f}{(m+M)g}, \quad x(t) = \dfrac{ft^2}{2(m+M)} + Ct + D - \dfrac{m\ell}{m+M}(Ae^{\rho t} + Be^{-\rho t}).$$

$A = 0$ のとき，$\displaystyle\lim_{t \to \infty}|\theta(t)| = \dfrac{f}{(m+M)g}$ より倒立振り子は，棒の角度をほぼ $\dfrac{f}{(m+M)g}$ に保ちながら移動してゆく．また，支点に作用する力 f が時間変化するとき，定数変化法より

$$\theta(t) = Ae^{\rho t} + Be^{-\rho t} + \dfrac{1}{2\rho}\left\{e^{\rho t}\int^t e^{-\rho s}f(s)\,ds - e^{-\rho t}\int^t e^{\rho t}f(s)\,ds\right\}$$

を得る．ここで，例えば c を正の定数として $\displaystyle\int_t^{t+1}|f(s)|\,ds \leq c \quad (t \geq 0)$ の下で，$A = 0$ のとき $|\theta(t)|$ は有界となり，このとき倒立振り子の棒は立ち続ける．詳しくは，山本 稔：「常微分方程式の安定性」(実教出版) を参照されたい．

第 6 章

問題 6.1 （1） $e^{-t} - e^{-2t}$ （2） $\dfrac{\sin 2t}{2} + \dfrac{3(1-\cos 2t)}{4}$ （3） $\dfrac{at - \sin at}{a^3}$

（4） $\dfrac{1}{2} - \dfrac{e^{-t}\cos t}{2} + \dfrac{e^{-t}\sin t}{2}$

問題 6.2 （1） $\dfrac{1}{s}\cdot\dfrac{a}{a^2+s^2}$ （2） $\dfrac{1}{a^2+s^2}$ （3） $\dfrac{1}{s}\cdot\dfrac{1}{(s+2)^2}$ （4） $\dfrac{2as}{(a^2+s^2)^2}$

（5） $\dfrac{1}{(s-a)^2}$ （6） $\dfrac{n!}{(s-a)^{n+1}}$

問題 6.3 略

問題 6.4 （1） $x = t^2$ （2） $x = (1+t)e^{-t}$ （3） $x = te^{-(t-1)}$

（4） $x = e^t$ （5） $x = \dfrac{e^t - e^{-t}}{2}$ （6） $x = e^{3t}\left(t + \dfrac{3t^2}{2}\right)$ （7） $x = \dfrac{e^{2t}-1}{2}$

（8） $x = \dfrac{e^{3t} - e^{-t}}{4}$ （9） $x = \dfrac{e^t + 3e^{-t}}{2}$

第 7 章

問題 7.1 （1） $\dfrac{1}{s}\left(\dfrac{\pi}{2} - \mathrm{Tan}^{-1}s\right) = \dfrac{1}{s}\mathrm{Tan}^{-1}\dfrac{1}{s}$ （2） $\dfrac{1}{2s}\log(s^2+1)$

（3） $\dfrac{1}{s}\log(s+1)$ （4） $\dfrac{\pi s}{2(s^2+1)} - \dfrac{\log s}{s^2+1}$ （5） $\dfrac{se^{-as}}{s^2+b^2}$ （6） $\dfrac{2e^{-as}}{s^3}$

（7） $\dfrac{\pi(1-e^{-t})}{2}$ （8） $\dfrac{1}{2}\displaystyle\int_0^\infty \dfrac{1-\cos 2tx}{x^2}\,dx = \dfrac{\pi t}{2}$

（9） $\dfrac{\pi e^{-at}}{2}$ （10） $\dfrac{1}{2s}\log\dfrac{\sqrt{s^2+4}}{s}$ （11） $\dfrac{as}{(s^2+a^2)(s^2+b^2)}$

問題 7.2 略

問題 7.3 （1） $x = \cosh t$ （2） $x = e^{-t} + 3\sinh t$ （3） $x = e^{3t-t^2}$ （方程式と条件をラプラス変換して $sX(x) - 1 = 3X(s) + 2X'(s)$ を導き, さらに $\mathcal{L}[tx] = -X'(s)$ を用いて逆ラプラス変換せよ.） （4） $x = e^t\left(\dfrac{t}{2}+1\right) + \dfrac{\sin t}{2}$ （5） $x = 1 - e^{-\frac{t}{2}}\left(\cosh\dfrac{t\sqrt{5}}{2} + \dfrac{2}{\sqrt{5}}\sinh\dfrac{t\sqrt{5}}{2}\right)$

（6） $x = \{\cosh(t-1) - 2\}u_1(t)$ （7） $x = \dfrac{e^t - e^{-3t}}{4}$ （8） $x = 1 - t$

（9） $x = 2te^{-t}$ （10） $x = \cosh 2t$ （11） $x = (t-1)u_1(t)$

（12） $x = \dfrac{e^{-(t-a)}(t-a)^2}{2}u_a(t)$

ラプラス変換・逆ラプラス変換表　($F(s) = \mathcal{L}[f](s)$, $G(s) = \mathcal{L}[g](s)$ である.)

$x(t) = \mathcal{L}^{-1}[X](s)$	$X(s) = \mathcal{L}[x](s)$
e^{at}	$\dfrac{1}{s-a}$
$ct^n \ (n = 0, 1, \cdots)$	$\dfrac{cn!}{s^{n+1}}$
$\dfrac{1}{\sqrt{t}}$	$\sqrt{\dfrac{\pi}{s}}$
$kf(t) + \ell g(t)$	$kF(s) + \ell G(s)$
$e^{at} f(t)$	$F(s-a)$
$f(at) \ (a > 0)$	$\dfrac{1}{a} F\left(\dfrac{s}{a}\right)$
$\cos at$	$\dfrac{s}{s^2 + a^2}$
$\sin at$	$\dfrac{a}{s^2 + a^2}$
$\cosh at$	$\dfrac{s}{s^2 - a^2}$
$\sinh at$	$\dfrac{a}{s^2 - a^2}$
$f'(t)$	$sF(s) - f(+0)$
$f^{(n)}(t)$	$s^n F(s) - s^{n-1} f(+0) - s^{n-2} f'(+0) - \cdots - f^{n-1}(+0)$
$\displaystyle\int_0^t f(r)\, dr$	$\dfrac{1}{s} F(s)$
$tf(t)$	$(-1) \dfrac{dF}{ds}(s)$
$t^n f(t)$	$(-1)^n \dfrac{d^n F}{ds^n}(s)$

$\dfrac{f(t)}{t}$	$\displaystyle\int_s^\infty F(s)\,ds$
$\dfrac{f(t)}{t^n}$	$\displaystyle\int_s^\infty \int_{r_n}^\infty \cdots \int_{r_2}^\infty F(r_1)\,dr_1\,dr_2\cdots dr_n$
$(f*g)(t)$	$F(s)G(s)$
$u_a(t) = H(t-a)$ [*]	$\dfrac{e^{-as}}{s}$
$u_a(t)f(t-a)$	$e^{-as}F(s)$
$u_a(t)f(t)$	$e^{-as}\mathcal{L}[f(t+a)](s)$
$\delta(t-a)$ [**]	e^{-as}
$\displaystyle\int_t^\infty \dfrac{f(r)}{r}\,dr$	$\dfrac{1}{s}\displaystyle\int_0^s F(s)\,ds$
$\displaystyle\int_0^t \dfrac{\sin r}{r}\,dr$	$\dfrac{1}{s}\left(\dfrac{\pi}{2} - \mathrm{Tan}^{-1}s\right) = \dfrac{\pi}{2} - \mathrm{Tan}^{-1}s$
$\displaystyle\int_t^\infty \dfrac{\cos r}{r}\,dr$	$\dfrac{1}{2s}\log(1+s^2)$
$\displaystyle\int_t^\infty \dfrac{e^{-r}}{r}\,dr$	$\dfrac{1}{s}\log(1+s)$
f（区分的連続で周期 $a>0$）	$\dfrac{1}{1-e^{-as}}\displaystyle\int_0^a e^{-st}f(t)\,dt$

[*]：ヘヴィサイドの階段関数　　[**]：デルタ分布

索　引

ア

アーベルの公式　111
安定性　170

イ

一意性　164, 166
1次結合　2, 53, 87, 109
1次従属　53, 87, 110
1次独立　53, 87, 110
1次反応　10
一様安定　176
────性　175
一様漸近安定性　178
1階斉次線形常微分方程式　25
1階非斉次線形常微分方程式　28
一般解　56, 70, 89, 97, 99
移動性　133

エ

n 階常微分方程式　2
n 分子会合反応　11
演算子法　61

オ

オイラーの公式　66, 72, 96
オイラーの微分方程式　67
オームの法則　32

カ

解　1
解曲線　6, 161, 162
階数　1
階数低下法　78, 83, 84, 106
階段関数　151
完全微分形　34

キ

基底　53, 87, 110
基本解　57, 89
────系　113
基本行列　113
逆演算　62, 99
逆ラプラス変換　19, 134
吸引性　179
吸収性　179
求積法　23
境界条件　2
境界値問題　2
局所解　164
キルヒホッフの法則　16
近傍　165

ク

区分的 C^1 級　137
区分的に連続　131
クレローの微分方程式　46, 48

グロンウォールの不等式 166

ケ　コ

撃力 146
高階線形常微分方程式 86
合成積 146
コーシーの収束定理 131

サ　シ

最終値定理 154
C^1 級 24
時間遅れ 20
次元 54, 87
指数位数 131
指数行列 117
指数減衰過程 9
実数解 65
実数値連続関数全体 54
収束域 130
定数変化法 27, 78, 125, 175
常微分方程式 1
　　n 階—— 2
　　線形—— 2
初期関数 21
初期条件 2, 9
初期値定理 154
初期値問題 2, 9
自励系 161
人口問題 5

ス　セ

スカラー倍 53, 87, 109

正規形 161
正規分布 153
正弦積分 158
積分因子 40
摂動系 17
線形 2
　　——近似 16
　　——結合 2, 53, 109
　　——従属 53, 110
　　——常微分方程式 2
　　——独立 53, 110
全微分可能 35

ソ

双曲線関数 135
相似性 133
相平面 170
存在性（解の） 165

タ

大域解 164
畳み込み 146
単振動 14
単振り子 16, 17

チ　ツ

逐次素反応 11
超関数 150
つり橋 15

索引　193

テ

定係数斉次微分方程式　61, 94
定係数非斉次微分方程式　69, 99
テイラー展開　118
デルタ関数　20, 150
デルタ分布　20, 150
電気振動回路　15
伝染病モデル　12

ト

同次形　25
同次式　45
倒立振り子　18
解く（微分方程式を）　2
特異解　49
特殊解　70, 99
特性多項式　61, 94
特性方程式　61, 89
トレース　111

ナ　ニ　ノ

滑らか　24
2次元ベクトル空間　52
2分子会合反応　10
ニュートン　9
ノルム　176

ハ　ヒ

半減期　10
ピカールの定理　165, 177
非斉次項　9

非斉次線形常微分方程式　44
非斉次微分方程式　117
微分演算子　61, 92
微分積分方程式　140, 149
標準基底　54, 88

フ

複素数解　65
フック　14
部分空間　55, 88, 109

ヘ

平均値の定理　169
平衡定数　30
閉包　177
ヘヴィサイドの階段（単位）関数　131, 148
ベクトル空間　86
ベルヌーイの微分方程式　46
変係数微分方程式　78
変数分離形　23, 43, 167
偏微分方程式　3

ホ

放物運動　13
包絡線　50
捕食被食モデル　7

マ

マクローリン展開　103, 118
マルサス，マルサスの法則　5

ユ

ユークリッドノルム　176
有限発散時刻　162
余弦積分　158

ヨ

ラ

落下運動　12
ラプラス変換　19, 129
　　逆——　19, 134

リ

リアプノフ関数　178
リカッチの微分方程式　48
リプシッツ条件　23, 163
リュウビル　56
　　——の公式　91

レ

冷却の法則　9
連続微分可能　24
連立線形常微分方程式　107

ロ

ロジスティック方程式　6
ロトカ・ボルテラ方程式　8
ロンスキアン　56, 90, 110
ロンスキー行列式　56, 110

ワ

和　53, 87

著者略歴

齋藤誠慈(さいとうせいじ)

1989年3月　大阪大学大学院工学研究科博士後期課程修了
現在　同志社大学理工学部数理システム学科教授，工学博士

常微分方程式とラプラス変換

2006年10月 5 日　第 1 版発行
2014年 8 月20日　第 4 版 1 刷発行
2025年 2 月15日　第 4 版 9 刷発行

検印省略

定価はカバーに表示してあります．

増刷表示について
2009年4月より「増刷」表示を「版」から「刷」に変更いたしました．詳しい表示基準は弊社ホームページ
http://www.shokabo.co.jp/
をご覧ください．

著作者　　齋　藤　誠　慈
発行者　　吉　野　和　浩
発行所　　東京都千代田区四番町 8-1
　　　　　電　話　(03)3262-9166
　　　　　株式会社　裳　華　房
印刷製本　株式会社デジタルパブリッシングサービス

一般社団法人
自然科学書協会会員

JCOPY 〈出版者著作権管理機構 委託出版物〉
本書の無断複製は著作権法上での例外を除き禁じられています．複製される場合は，そのつど事前に，出版者著作権管理機構(電話03-5244-5088，FAX 03-5244-5089, e-mail: info@jcopy.or.jp)の許諾を得てください．

ISBN 978-4-7853-1542-9

© 齋藤誠慈, 2006　Printed in Japan

【齋藤誠慈先生ご執筆の書籍】

フーリエ解析へのアプローチ

長瀬道弘・齋藤誠慈 共著　A5判／164頁／定価 2530円（税込）

　物理や工学など応用を目的とした読者向けに，フーリエ解析の理論的基礎と偏微分方程式への応用を入門的に解説．応用で扱っている偏微分方程式は，熱方程式と波動方程式の混合問題で，変数分離法を用いたものに限った．
　『解説部』と『演習部』の2つに分け，解説部だけでもフーリエ解析の初歩を速習できるようにまとめた．
【主要目次】1．フーリエ級数　2．フーリエ級数の性質　3．フーリエ級数の偏微分方程式への応用　4．フーリエ変換　5．フーリエ積分・フーリエ変換の応用

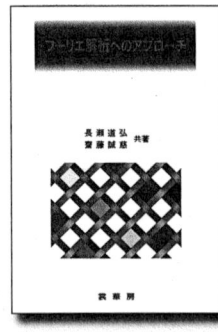

数学シリーズ 常微分方程式 ［POD版］

島倉紀夫 著　A5判／266頁／定価 3630円（税込）

　理系読者を対象とした，計算技術よりも理論的基礎に重点をおいた入門書．
　前半では，基礎的解法から解の存在，一意性の定理，確定特異点の近傍での解の構成法などを述べている．後半では，2階線形方程式に対する理論を展開し，最後の章で特殊関数の基本的性質を一通り解説した．
　なおPOD版では，把握できた範囲で誤植等の修正を施した．
【主要目次】1．求積法　2．定係数線形方程式と線形代数　3．基礎定理　4．確定特異点をもつ方程式　5．2階線形方程式　6．固有値問題入門　7．特殊関数

※オンデマンド出版書籍（POD版；オンデマンド版）は出版物をデジタルデータ化して，1冊から印刷・製本・販売を行う書籍です．

物理数学コース 常微分方程式

渋谷仙吉・内田伏一 共著
A5判／144頁／定価 2090円（税込）

　「物理的応用」と「数学的正確さ」の両立を目指し，物理と数学に所属する著者が協力してまとめた．1階微分方程式の説明と応用を丁寧にし，数値解法についても初歩的に扱った．
　半年用の教科書として利用できるように，全12節に分け，1節が1回の講義内容となるようにまとめた．

物理数学コース 偏微分方程式

渋谷仙吉・内田伏一 共著
A5判／144頁／定価 2090円（税込）

　「物理的応用」と「数学的正確さ」の両立を目指し，物理と数学に所属する著者が協力してまとめた．偏微分方程式の知識を道具として使う読者のために，現象に適した各種解法を紹介するとともに，解の物理的立場からの検討や，読者が間違えやすい箇所へのコメントなど，ポイントをおさえて解説．

理工系の数理 フーリエ解析＋偏微分方程式

藤原毅夫・栄 伸一郎 共著　A5判／212頁／定価 2750円（税込）

　量子力学に代表される物理現象に現れる偏微分方程式の解法を目標に執筆した大学3年生向け教科書・参考書．解法手段として重要なフーリエ解析の概説とともに，解の評価手法にも言及した．
【主要目次】1．フーリエ級数　2．フーリエ変換とラプラス変換　3．物理現象と偏微分方程式　4．偏微分方程式と特性曲線　5．変数分離と固有値問題　6．スツルム・リュービル型固有値問題とその一般化　7．非線形偏微分方程式とその安定性

裳華房ホームページ　https://www.shokabo.co.jp/